아이 밥 챙기느라 하루를 다 보내는 당신
오늘은 꼭 챙겨 드세요!

돌부터 요리를 시작하는
요린이 부모를 위한

유아식
레시피북

유아식 레시피북

초판 1쇄 발행 2021년 3월 3일
초판 13쇄 발행 2024년 10월 29일

지은이 BLW연구소

발행인 장상진
발행처 (주)경향비피
등록번호 제2012-000228호
등록일자 2012년 7월 2일

주소 서울시 영등포구 양평동 2가 37-1번지 동아프라임밸리 507-508호
전화 1644-5613 | **팩스** 02) 304-5613
제품 협찬 네오플램

ⓒBLW연구소

ISBN 978-89-6952-447-8 13590

돌부터 요리를 시작하는
요린이 부모를 위한

유아식 레시피북

BLW 연구소 지음

경향BP

"아이가 안 먹는 것은 엄마 잘못이 아니에요"

많은 초보 부모가 아이를 낳기 전까지는 요리에 큰 욕심이 없었을 겁니다. 아침은 커피 한 잔으로 때우기도 했을 테고, 점심은 직장 동료들과 매일 다른 메뉴를 찾아 먹었을 테고, 저녁은 배달 음식을 시켜 그날의 스트레스를 풀기도 했겠지요. 쉬는 날엔 맛집 투어를 다니기도 했을 테고요. 그런데 부모가 되고 아이 먹거리를 챙기게 되면서부터는 주방 일을 피해갈 수 없습니다. 아이를 재우고 씻기는 것만으로도 벅차 이유식은 시판 제품으로 근근이 버팁니다. 그런데 아이의 돌이 가까워지며 유아식에 대한 걱정이 슬슬 몰려옵니다.

어른처럼 밥, 국, 반찬을 골고루 차리면서도 간을 세게 하면 안 된다는데, 시판 이유식에 이어 시판 유아식을 사 먹이자니 갑자기 너무 짜지는 것 같기도 하고, 메뉴도 한정적이고, 경제적인 부담도 느껴지기 시작합니다. 갑자기 아이 식사를 직접 구상하고 요리하려니, 막막하고 힘들 수밖에 없지요. 하루 세 끼니요. 한 끼도 힘든데! 게다가 애써 만든 밥상을 아이가 거부한다면 막막하다 못해 화가 날 테지요.

아이 밥을 해 먹이는 일은 끝이 안 보이는 마라톤과 같습니다. 마라톤은 42.195km만 달리면 끝나는데, 아이 밥은 언제까지 챙겨야 할까요? 오늘도 내가 열심히 차린 밥을 새 모이만큼 먹고 그만 먹겠다는, 미칠듯이 사랑스러운 내 아이. '언젠가는 '완밥'할 거야.', '언젠가는 편식이 나아질 거야.', '언젠가는 웃으며 식사할 수 있을 거야.'라는 게 희망이 아닌 확실한 미래라면 조금 전에 아이가 남긴 밥과 반찬을 쿨하게 싱크대에 버릴 수 있을지도 모릅니다. 그러나 부모 마음이 그렇게 쉽지 않습니다. 한 숟가락이라도 더 먹여줬으면 합니다. 그래야 아이가 건강하게 쑥쑥 자랄 테니까요. 아니, 내가 애써 만든 음식을 내 손으로 버리고 싶지 않아서 아이 입에 조금이라도 더 들어갔으면 하는 게 솔직한 심정입니다.

아이 밥을 만드는 사람이라면 누구나 '뭘 해주면 잘 먹을까?'라는 고민을 단 하루도 빠뜨리지 않고 할 거예요. 다른 집 아이가 잘 먹는다는 그 반찬을 열심히 따라 만들어봅니다. 기대에 차서 밥상을 차렸지만 아이는 역시나 별 관심이 없습니다. 순간 화도 나고 억울하기도 하고 아이가 미워지기도 합니다. 그리고 이내 그런 마음을 품은 못난 자신에게 자괴감도 들고 '내가 하는 음식이 맛이 없나? 요리를 잘 못하는 엄마라 미안하다.'라며 자책합니다.

매일 매 끼니마다 전쟁과도 같은 시간을 당장 끝낼 수는 없습니다. 아이가 우리 손을 떠나 식사를 알아서 해결하게 될 때까지 건강한 마음으로, 긴 호흡으로 달려가야 합니다. 마라톤을 잘 해내려면 두 가지를 기억해야 합니다.

첫째는 아이가 밥을 잘 먹지 않아도 그것은 나의 탓이 아니라는 것입니다. 모든 아이는 편식을 하고, 그나마 잘 먹는 시기와 안 먹는 시기를 반복적으로 오갑니다. 특히 유아기는 아이가 노는 일에 목숨을 거는 시기이므로 배를 채우는 일에는 기본적으로 흥미가 없습니다. 아이가 밥을 거부하거나 많이 남기는 데에는 오조 오억 가지의 이유가 있어서 정확한 이유를 영원히 알아낼 수 없지요. 유아식은 안 먹는 것이 디폴트이고 조금이라도 먹는 것이 옵션이니 부모가 자책하고 낙담할 시간에 차라리 드라마라도 한 편 보고 인터넷 쇼핑이라도 하며 스트레스를 풀어야 내일의 유아식이 조금이나마 더 쉬워집니다.

둘째는 아이의 밥을 고민하고 준비하는 과정이 지금보다 더 단순하고 쉬워져야 한다는 것입니다. 놀아달라며 칭얼대고 엉겨 붙는 아이를 다리에 매달고, 젖은 손으로 휴대폰을 쥐고 레시피를 검색하며 제대로 따라가고 있는 건지 알지도 못한 채 허둥지둥 해내는 요리가 아이에게 거부당하면 어김없이 좌절감과 분노가 일어납니다. 그러면 안 좋다는 것을 알면서도 애를 잡죠. 그 억울한 감정들은 요리 과정이 수월할수록 줄어들 수 있어요.

이 책은 아이 밥을 만들어주기 위해 요리에 입문한 초보 부모에게 도움이 되도록 최대한 쉽고 자세하게 풀어낸 유아식 레시피북입니다. 아이의 몸 건강과 부모의 마음 건강을 생각하고 쓴 책입니다. 이 책으로 요리를 익히고, 어떤 요리든 느낌적인 느낌으로 뚝딱 만들어낼 수 있게 되어 끝내 이 책을 당근 마켓에 내놓을 그날까지 이 책은 당신의 주방에서 함께 마라톤을 뛸 것입니다.

우리는 모두 한 아이의 생명을 보살피는 귀중한 임무를 맡고 있습니다. 아이는 자기 밥에 얼마나 큰 정성과 사랑과 영양가가 담겨 있는지를 모르는 바보예요. 내가 아닌 다른 이의 끼니를 매일 챙기는 것은 참으로 위대한 일입니다. 아무도 알아주지 않는 것 같으니 스스로 칭찬해줍시다. 오늘도 명랑하게 주방에 서는 거예요. 부디 이 책이 마라톤을 완주하는 데 도움이 되길 바랍니다.

BLW연구소 대표 안소정

+ 요리를 하다가 궁금한 점이 생길 때, 아이의 식생활에 대한 고민으로 잠을 이루지 못할 때, 우리 연구소를 찾아오세요! BLW연구소(http://cafe.naver.com/blwkr, 네이버에서 'BLW연구소' 또는 '아이주도 이유식 유아식 연구소' 검색)는 오늘도 주방에서 고군분투하고 있는 모든 이유식 유아식 노동자를 환영합니다.

Thanks to_

이 책을 만드는 데 도움을 주신 모든 분께 감사드립니다. BLW연구소를 함께 운영하는 조효진 대표, 레시피를 꼼꼼하게 검증해준 검증단 친구들(김보미, 류예경, 박승경, 배지현, 서하늘, 신승연, 오희경, 이나라, 이인경, 이지은, 정고은, 정혜수, 하민경) 감사합니다. 유아 시식단 대표가 되어준 아들 세상이 그리고 질풍노도 네 살 세상이를 돌아가며 돌봐준 가족에게도 고마움을 전하고 싶습니다.

contents

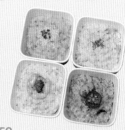

CHAPTER 2
밥과 죽

CHAPTER 3
국과 수프

CHAPTER 4
무침과 샐러드

CHAPTER 5
볶음

이 책의 활용법

분량

이 책에 수록된 메뉴는 특별한 언급이 없으면 어른 두 명과 아이 한 명으로 구성된 3인 가족의 한 끼(2.5인분) 분량에 맞추어져 있습니다. 인원수 또는 식사량이 많거나 여러 끼니를 한 번에 만들고자 한다면 양을 늘려서 조리하세요. 양을 늘릴 때에는 100%로 늘리되 양념과 물은 90%만 늘려 조리합니다. 조리가 완료되는 시점에 간을 보고 최종적으로 모자란 간을 더해주세요.

대체 재료

모든 재료를 다 갖추고 요리하기는 어렵습니다. 있는 재료로 유연함을 발휘하면서 식단을 구성해보세요. 대체할 수 있는 재료는 괄호 안 또는 페이지 하단에 TIP으로 적어두었습니다. 맛을 더해주지만 필수적이지는 않은 재료는 '생략 가능'으로 표시해두었어요.

조리, 보관, 어른 요리 TIP

조리 과정에서 참고할 팁은 말풍선에, 요리 전후에 참고하면 좋은 정보는 페이지 하단에 TIP으로 넣었습니다.

응용 메뉴

완성된 요리를 다른 음식으로 재탄생시키거나, 재료만 달리하여 유사한 조리 과정으로 다른 메뉴를 만들 수 있습니다.

계량

눈대중 계량이어도 문제가 없는 레시피는 재료를 g수 없이 개수로 표기하여 요리 준비 시간을 단축하도록 했습니다. 두 가지 계량법이 모두 유용한 메뉴는 눈대중 계량과 g수를 함께 적었으니 편한 쪽으로 계량해주세요.
이 책의 레시피는 육류와 채소 중량에 10~20g의 오차가 있어도 결과물에 큰 차이를 주지 않습니다. 몇 번 비슷한 요리를 하다 보면, 계량을 의식하지 않고도 직관적으로 재료 준비를 할 수 있게 되니 저울의 숫자로부터 유연해지는 연습을 해보세요. 단, '빵과 쿠키' 레시피는 정확한 계량을 따르는 것이 좋습니다. 간혹 너무 작거나 큰 농작물이 있으므로 13쪽 눈대중 계량을 참조하여 재료를 줄이거나 더해주세요.

⚖ 눈대중 계량

레시피에서 개수로 표기하는 주요 채소와 과일의 크기 기준입니다.

⚖ 도구를 사용하는 계량

아래의 도구들을 활용하여 재료 계량에 정확도를 높여보세요. 모든 계량도구를 갖출 필요는 없어요. 이유식 용기, 젖병, 아기용 물약 컵 등을 액체 계량에 활용할 수도 있어요.

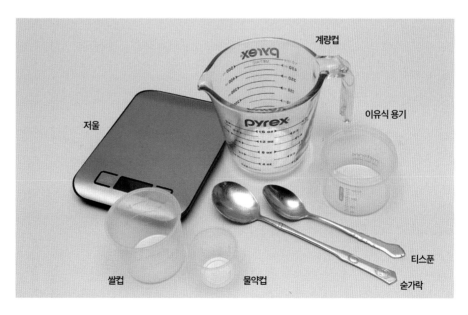

· 가루류 계량

가루류는 숟가락으로 쟀을 때 오차가 커지기 때문에 g으로 표기했습니다. 무게를 매번 재려면 시간이 오래 걸리기 때문에 집에 있는 숟가락으로 한 숟가락 가득 떴을 때의 중량을 재서 메모하거나 기억해두면 편리해요.

밀가루를 숟가락으로 소복하게 뜨면 15g 정도가 됩니다.

· 곡류·콩류·액체류 계량

일부 재료는 편의를 위해 컵을 계량 단위로 사용했습니다.

쌀 1컵 = 종이컵 1컵 = 쌀 약 150g = 물 190ml

서리태 1컵

· 양념 계량

g 측정이 어려운 양념류는 어른 숟가락, 티스푼, 꼬집을 주요 단위로 쓰고 있습니다.

액체류 1숟가락

액체류 1티스푼

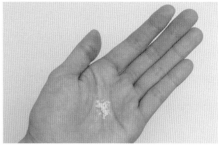

된장 1티스푼   소금, 후추 등 1꼬집

• 식용유 사용량

식용유는 팬에 직접 두르기 때문에 도구로 계량하지 않습니다. 이 책의 팬 요리에서는 '식용유 약간', '식용유 충분히'라고 표현했습니다. 사진 속 팬의 지름은 26cm입니다.

식용유 약간   식용유 충분히

✕ 신중하게 간하기

저염식을 기본으로 하므로 어른 입맛에 맞추려면 대부분의 메뉴는 1.5~2배 정도 간을 더해야 합니다. 반대로 무염식에서 벗어난 지 얼마 안 된 **유아식 초기의 아이들에겐 이 책 레시피의 양념조차 과할 수 있습니다. 책의 양념 계량을 참조하되 맛을 보면서 신중하게 간하세요.**
특히 간장이나 된장은 제품마다 염도 차이가 큰 편입니다. 레시피대로 양념 계량을 따랐을 때 너무 짜게 느껴진다면 다음 조리 시에는 용량을 줄여주세요. 싱거운 음식은 보완이 쉽지만, 이미 짜게 된 음식은 다시 싱겁게 조절하기가 어렵습니다.

✕ 육수 사용

이 책의 레시피에서 사용하는 육수는 354쪽의 육수 레시피를 기준으로 합니다. 미리 만들어두면 요리를 보다 빠르고 수월하게 할 수 있어요. 준비된 육수가 없을 경우 멸치와 다시마로 간단히 우린 육수를 사용해도 됩니다.

요리를 위한 장비와 도구

이 책에서 사용하는 기기

- **전기밥솥** 전기밥솥은 밥뿐 아니라 불 앞에서 오래 익혀야 하는 메뉴에도 유용하게 쓰입니다. 집에 있는 6~10인용 전기밥솥이면 됩니다.

- **전자레인지** 전자레인지는 재료를 빠른 시간 내에 찔 때 주로 씁니다. 이 책에서는 700W 전자레인지로 조리합니다.

- **믹서(블렌더)** 재료를 곱게 갈 때 필요합니다. 핸드블렌더도 좋아요. 믹서는 용량이 큰 것보다는 작은 것이 적은 양의 재료를 갈 때 헛돌지 않아 더 유용합니다.

- **에어프라이어(오븐)** 조리 기능이 비슷하므로 둘 중 하나만 갖춰도 됩니다. 에어프라이어는 예열의 번거로움 없이 고온 조리를 쉽고 빠르게 할 수 있습니다. 오븐은 예열이 필요하지만 재료를 넓게 펼쳐 균일한 온도로 익힐 수 있습니다.

- **다지기(차퍼)** 수동과 전동이 있는데, 수동은 입자 크기 조절이 쉽고, 전동에 비해 상대적으로 소음이 덜하지만 팔과 손목이 아플 수 있어요. 전동은 소음이 크고 재료가 너무 빨리 갈려 입자 크기 조절이 쉽지 않지만, 힘이 많이 들지 않아요. 용량이 큰 것보다는 700ml 전후의 중간 사이즈가 적은 재료를 다질 수 있어 유용합니다.

유아식 조리에 사용하는 도구

- **팬과 냄비** 밀크팬 15cm, 냄비 18~20cm, 깊은 양수냄비 22cm, 프라이팬 24cm, 궁중팬(웍) 28cm, 달걀말이팬 등이 있습니다.

- **믹싱볼** 큰 것 하나와 작은 것 하나를 갖추고 있으면 편리합니다.

- **채망** 재료를 씻거나 건더기를 걸러낼 때 필요합니다.

- **찜 용기** 식재료를 빠르게 익힐 때에는 전자레인지로 찌는데, 내열유리 용기나 실리콘 찜기가 있으면 편리합니다.

- **절구** 깨와 견과류를 으깰 때 사용합니다.

- **베이킹틀** 반죽을 일정한 형태로 굽거나 찔 때 유용합니다.

- **아이스큐브틀** 재료를 소분하여 냉동하는 데 필요합니다. 실리콘 재질의 틀은 얼음을 쉽게 분리할 수 있어 편리해요.

- **유리병** 단기간에 소진할 액체류를 냉장보관하기에 좋습니다. 잼이나 피클 등을 보관할 땐 열탕해서 사용합니다.

- **칼** 칼은 자주 갈아서 잘 드는 날을 유지해주세요. 두루두루 칼질용 큰 칼과 잘잘한 칼질용 과도를 갖추면 좋습니다.

- **도마** 채소·과일용 도마와 육류·생선용 도마를 구분하여 2개 이상 갖추면 편리합니다.

- **가위** 아이의 음식을 잘라주는 데 쓰는 가위와 식재료를 손질할 때 쓰는 가위를 구분하여 갖추면 편리합니다.

- **감자칼** 각종 채소 과일의 껍질을 벗기거나 재료를 아주 얇게 슬라이스할 때 필요합니다.

- **요리 스푼과 뒤지개** 실리콘이나 원목 소재로 된 것이 쓰기 좋습니다.

- **국자** 너무 크거나 무겁지 않은 것으로 선택합니다.

- **스패튤라** 반죽이나 소스류를 낭비 없이 긁어내기에 좋습니다.

- **거품기** 반죽을 곱게 섞을 때나 달걀을 풀 때 유용합니다.

- **요리용 젓가락과 집게** 식재료를 준비하고 조리하면서 수시로 쓰입니다.

- **포크** 반죽을 섞을 때, 감자 등을 으깰 때 사용합니다.

요리를 위한 재료

이 책에서 사용하는 양념과 가루

양념류를 구입할 때에는 성분표를 보고 최대한 첨가물 종류가 적은 것으로 고르면 됩니다. 어린 이용은 어른용 제품을 희석하여 단순히 염도만 줄이거나 오히려 불필요한 성분을 추가한 제품도 있습니다. 그러므로 굳이 값비싼 어린이용을 구매하기보다 일반용을 살 때 원료의 원산지가 믿을 만한지, 유전자조작의 위험이 없는지, 무엇인지 알 수 없는 긴 이름의 첨가물이 지나치게 들어 있지 않은지를 꼼꼼히 살펴보세요.

이 책에서는 마트에서 쉽게 구할 수 있는 제품을 사용했으며 최소한으로 사용하여 건강한 맛을 내려 노력했습니다. 케첩, 마요네즈, 잼 등은 시판 제품을 구매해도 되고, '홈메이드 소스'를 참조하여 직접 만들어도 됩니다. 유기농 매장에 가면 첨가물을 최소화한 제품도 많으니 모든 걸 만들려고 애쓰지 않아도 됩니다.

유아식 양념 고르기 요령
더 알아보기

- **짠맛 내는 양념 : 소금, 간장, 국간장, 액젓, 새우젓, 굴소스, 된장**

짠맛에 노출된 아이의 혀는 점점 더 자극적인 짠맛을 원하게 됩니다. 이 때문에 24개월까지는 무염식이 권장됩니다. 아이의 혈관, 소화기관, 신장 건강을 생각하여 짠맛에 아주 서서히 노출되도록 도와주세요.

- **단맛 내는 양념 : 설탕, 올리고당, 조청, 매실청, 메이플시럽, 유자청**

단맛에 익숙해진 아이는 점점 더 단맛을 찾게 되므로 아주 신중하게 접근해야 합니다. 단맛의 음식들은 치아 건강에 악영향을 미치며 비만과 각종 성인병과도 깊은 연관이 있습니다. 이 책에서는 최소한의 감미료로 아주 희미한 단맛을 냈습니다. 입맛에 따라 더해주시되, 과하지 않도록 신경 써주세요.

· 고소한 맛 내는 양념과 기름 : 참기름, 들기름, 참깨, 들깨, 식용유, 올리브유

무염·저염식을 유지할 때 고소한 기름 맛에 많이 의존합니다. 하지만 그 맛에 너무 일찍 길들여지면 자꾸 기름진 음식을 찾게 되므로 꼭 필요한 음식에만 고소한 맛을 가미해주세요. 참기름과 들기름은 발연점이 낮아 가열 조리에 사용하면 발암 물질이 발생할 수 있기 때문에 이 책에서는 불을 끈 뒤에 사용합니다.

· 기타 양념 : 식초, 요리술, 케첩, 마요네즈, 토마토소스, 후추, 허브

기본적인 맛내기 재료에 더해 요리를 더욱 풍성하게 도와주는 양념들입니다. 어린아이에겐 자극적일 수 있으니 처음에는 소량부터 사용해주세요.

· 가루 : 밀가루, 쌀가루, 전분, 부침가루, 튀김가루, 새우가루, 베이킹파우더, 팬케이크가루

각종 가루는 그 역할이 명확하므로 레시피를 그대로 따르는 것이 좋습니다. 밀가루와 쌀가루는 서로 대체 가능합니다.

🅰 식재료 손질과 보관

식재료 상식 더 알아보기

유아식에 사용하는 재료는 가능하면 국내산을 선택하고, 유기농 재료만을 고집할 필요는 없지만 믿을 수 있는 판매자에게서 신선한 상태의 재료를 구입합니다. 채소류는 원물 그대로를 구입하는 것이 좋고 육류, 생선, 해산물류는 요리 목적에 맞게 한 번 손질된 것을 구입하는 것이 편리합니다. 손질되지 않은 생선이나 해산물을 구입하면 쓰레기도 너무 많이 나오고 익숙하지 않은 손질 작업을 하느라 부엌에서 시간을 너무 많이 보내게 되기 때문이지요. 필요한 만큼만 재료를 구입하여 냉장 또는 냉동 보관하고, 효율적으로 재료를 소진하는 습관을 들이세요. 3~4일치 식단을 미리 계획하면 재료 낭비나 음식물 쓰레기를 줄일 수 있습니다.

여기서는 구매 시에 어려움이 있거나 손질이 까다로운 몇 가지 재료만 다룹니다. 더 많은 식재료에 대한 상세 정보는 QR코드로 연결된 페이지를 참조하세요.

· 육류

육류는 메뉴에 적합한 부위나 절단 방식을 거친 것으로 구입합니다. 많이 샀다면 구입 즉시 소분하여 바로 쓸 양은 냉장하여 이틀 내로 소비하고 나머지는 부위와 구입 날짜를 메모하여 냉동합니다. 해동은 전날 냉장실로 옮겨 서서히 해동하는 것이 가장 좋아요. 해동한 고기는 잡내가 날 수 있으니 물에 담가 핏물을 충분히 빼거나 표면을 키친타월로 톡톡 두드려 핏기를 닦고 조리합니다.

· 새우

제철은 가을철이지만 사시사철 냉동새우를 구할 수 있습니다. 아이의 성장에 도움을 주는 칼슘과 타우린이 풍부하고 다양한 조리법을 활용할 수 있는 좋은 재료입니다. 생새우는 전체적으로 투명한 회색을 띤 것이 신선한 것입니다. 대가리가 검게 변했거나 살이 뿌옇게 떴다면 죽은 지 오래된 새우입니다. 손질 새우를 구입할 땐 자숙새우(살짝 익힌 것. 붉은빛을 띱니다)보다는 생새우를 냉동한 것(밝은 회색을 띱니다)이 더 폭넓게 쓰일 수 있어요.

✗ 새우 손질하는 법

흐르는 물에 깨끗이 씻어 수염, 뿔, 물주머니를 잘라냅니다. 살만 발라 쓰려면 껍데기, 다리, 꼬리를 모두 제거합니다. 등과 배에 있는 내장을 제거해주면 음식 맛이 더 깔끔해집니다.

• 조개

이 책에서는 가장 쉽게 구할 수 있는 바지락을 주로 사용합니다. 구입 즉시 소금물에 담가 어둡게 하여 해감합니다. 오래 보관하려면 해감 후에 비닐에 넣어 냉동하세요. 세척이나 해감의 번거로움이 없는 손질된 바지락살을 구입하면 편리해요.

✗ 조개 해감하는 법

충분한 양의 물에 소금 1숟가락을 풀고 조개를 담가 검은 비닐이나 덮개를 덮어 완전히 어둡게 합니다. 30분 이상 둔 뒤 물을 버리고 깨끗이 헹궈냅니다. 스텐 재질의 숟가락을 넣어 주면 더 빨리 해감됩니다.

• 전복

비타민과 미네랄이 풍부한 고단백 식재료로 대표적인 보양식이에요. 신선한 전복은 내장도 함께 요리에 쓰면 특유의 고소한 맛이 음식의 감칠맛을 높여줍니다.

✗ 전복 손질하는 법

표면 구석구석을 솔로 문질러 이물질을 씻어내고 숟가락으로 긁어내듯이 밀어서 껍데기에서 분리합니다. 가위나 칼로 이빨 부분을 잘라내고 내장과 살을 분리합니다. 살은 용도에 맞게 썰고, 내장은 채망에 눌러 곱게 거르거나 가위질해서 씁니다.

전복 손질 영상

· 오징어

어린이의 성장에 꼭 필요한 단백질이 매우 풍부한 식재료예요. 자칫 잘못하면 매우 질기므로 유아식에서는 작게 썰어 가열 시간을 짧게 해주는 것이 좋아요. 오징어는 손질이 매우 번거로우므로 손질된 것을 구입하는 것이 좋아요.

✖ 오징어 손질하는 법

흐르는 물에 오징어를 씻고 몸통과 다리를 분리합니다. 내장, 눈, 입을 빼내고 다리는 분리하여 한쪽을 잡고 다른 손으로 다리를 훑어내듯이 잡아당겨 빨판을 제거합니다. 용도에 맞게 썹니다.

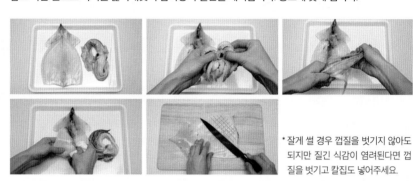

*잘게 썰 경우 껍질을 벗기지 않아도 되지만 질긴 식감이 염려된다면 껍질을 벗기고 칼집도 넣어주세요.

· 유제품

유제품은 칼슘의 훌륭한 공급원이지만 섭취량이 과하지 않도록 주의해주세요. 유아기의 우유 권장량은 하루 1~2잔이며 치즈의 경우 1장이면 충분합니다. 요거트는 가능하면 원유 99% 이상으로 이루어진 무설탕 요거트를 권합니다. 신맛뿐인 요거트를 아이가 잘 먹지 못한다면 과일이나 약간의 시럽을 곁들여주는 것이 가당 요거트를 주는 것보다 낫습니다. 버터는 무염버터를 구입하고 과하게 쓰지 않도록 합니다.

✖ 버터 보관하는 법

덩어리로 된 버터를 구입했을 경우 잠시 상온에 두었다가 칼로 일정하게 썰어 서로 들러붙지 않게 종이포일이나 랩을 잘라 분리하여 통이나 지퍼백에 넣고 냉장 또는 냉동 보관합니다. 10~20g 단위로 소분하면 편리합니다.

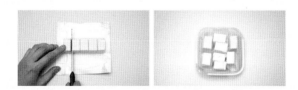

· 브로콜리

녹색이 선명하고 꽃송이가 빽빽한 것이 좋습니다. 밑동은 버리지 말고 질긴 표면만 얇게 벗겨내어 요리에 함께 쓰면 영양소 섭취에 더욱 유리해요. 다진 브로콜리는 냉동보관이 가능해요.

✕ 브로콜리 손질하는 법

브로콜리는 꽃 부분에 이물질이 많이 끼어 있습니다. 깊은 그릇이나 볼에 물을 받고 10분 이상 거꾸로 두면 꽃이 열리면서 이물질이 빠집니다. 브로콜리 기둥을 쥐고 좌우로 회전하듯 물속에서 흔들어 이 물질을 떨어내고 흐르는 물에 헹궈 용도에 맞게 씁니다.

· 가공식품

면, 빵, 통조림, 햄, 소시지, 어묵, 소스 등 일차적으로 가공된 식재료를 구입할 땐 포장에 표기된 정보를 꼼꼼히 살펴봐야 합니다. 원료 중 익히 알고 있는 재료의 비율이 높을수록 안전하고, 알 수 없는 성분의 종류가 많을수록 안전하지 않습니다. 동일한 중량 기준 나트륨 함량이 적을수록 좋습니다. 영양정보는 100g을 기준으로 표기하거나 총량을 기준으로 표기하는 등 제품마다 표기법이 다르므로 이를 고려하여 비교해보세요.

✕ 식재료 냉동보관과 해동

- 한 번 해동한 재료는 최대한 빨리 소진하고 재냉동하지 않는 것이 원칙입니다. 한 번 완전히 가열한 경우에만 재냉동이 가능합니다. 가령 냉동 다짐육을 해동하여 빚은 떡갈비는 그대로 냉동하면 안 되고 완전히 익힌 후에 식혀서 냉동해야 합니다.

- 해동한 재료는 고체와 액체가 쉽게 분리되어 같은 용량으로 조리해도 수분이 더 많아질 수 있습니다. 특히 반죽을 해야 하는 메뉴는 수분이 많이 생기면 결과물에 큰 차이가 생기므로 다른 재료(밀가루, 전분가루 등)를 조금 더 추가하여 농도를 맞춰야 합니다.

- 냉동 재료 해동 방법
  - **조리하기 하루 전에 냉장실로 옮겨 해동** : 가장 안전하고 맛 유지에도 좋은 해동 방법입니다.
  - **상온에서 물에 담가 해동** : 비닐 채로 물에 담가두면 상온에 두는 것보다 빨리 해동됩니다. 해산물은 비닐을 벗겨 바로 물에 담가 해동하면 염분도 줄일 수 있습니다.
  - **전자레인지 해동** : 열이 골고루 전해지지 않아 균 번식이 쉬우므로 바로 가열 조리할 경우에만 활용하세요.

♨ 썰기

재료와 조리법에 어울리는 모양으로 써는 것이 요리의 본격적인 시작입니다. 사진을 참조하여 비슷한 모양의 채소 썰기에 적용해보세요.

· 원통형 채소 깍둑썰기 - 방법1
가로로(원형으로) 썬 뒤 작게 토막냅니다.

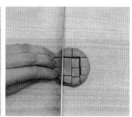

· 원통형 채소 깍둑썰기 - 방법2
세로로 길게 썬 뒤 작게 토막냅니다.

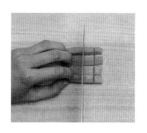

· 원통형 채소 채썰기 - 방법1
원형으로 슬라이스한 뒤 가늘게 썹니다.

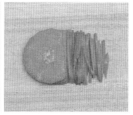

· 원통형 채소 채썰기 - 방법2
길이 방향으로 슬라이스한 뒤 가로나 세로로 가늘게 썹니다.

· 원통형 채소 다지기
채 썬 것을 가로로 나란히 놓고 잘게 썹니다.

・양파 채썰기

이등분한 양파를 가장자리부터 나란히 썹니다. 양쪽 끝 부분은 칼을 바닥 쪽으로 살짝 기울이면 더 고르게 썰립니다.

・양파 잘게 썰기(다지기)

이등분한 양파 윗부분을 약간 남겨놓고 세로로 칼질합니다. 90도 돌려 가로로도 칼집을 넣어주고 다시 위에서부터 잘게 썹니다. 남겨진 윗부분을 따로 다집니다.

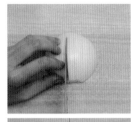 

 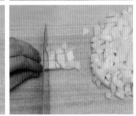

・대파 채썰기

한쪽을 잡고 칼을 약간 세워 여러 번 칼질하여 필요한 길이만큼 썹니다.

・대파 다지기

한쪽을 채 썬 대파를 잘게 썹니다.

・대파 어슷썰기

한쪽을 잡고 대각선 방향으로 얇게 썹니다.

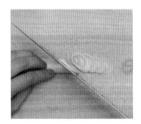

가열조리

· 프라이팬 요리

불 조절과 예열하기

특별한 언급이 없을 경우 중간불에서 조리합니다. 프라이팬 요리는 예열이 필수인데, 지나치게 오래 예열하면 팬이 타버리니 팬 중심부 위에 손을 띄워 보고 열기가 느껴지면 조리를 시작하면 됩니다. 대부분의 프라이팬 요리는 센 불 또는 중간 불로 시작하여 불의 세기를 줄여갑니다.

조리 과정에서 음식이나 팬의 바닥이 타면 불을 줄이고 팬을 잠시 들어 올리면 빨리 식힐 수 있어요. 불이 약한데도 부침요리나 볶음요리에서 재료가 익기도 전에 타버린다면 물을 2~3순가락 뿌리고 휘저은 뒤 덮개를 덮어 가열 시간을 최소화하세요. 태우는 것이 걱정되면 약한 불에서 오래 조리하는 것이 편합니다.

프라이팬 세척하기 & 탄 자국 제거하기

코팅팬은 너무 자주 문질러 닦으면 코팅면이 빨리 손상되어 건강에도 좋지 않고 금방 새것으로 교체해야 해서 낭비를 하게 됩니다. 양념을 많이 사용한 경우가 아니라면 물을 조금 부어 끓이고 키친타월로 닦아내면 됩니다. 바닥이 탄 프라이팬은 베이킹파우더를 뿌리고 물을 조금 부어 가열한 뒤, 스펀지로 문지르면 쉽게 제거됩니다.

· 냄비요리

액체류로 요리하는 냄비요리도 조리 과정에서 불의 세기를 줄여갑니다. 내용물이 끓을 때까지는 센 불로, 끓은 이후에는 중간 불 또는 약한 불로 줄여 재료들을 익힙니다. 뚜껑을 닫고 조리하다 보면 갑자기 끓어 넘칠 수도 있으니 센 불에 조리할 때에는 잘 지켜보세요.

액체류 요리도 바닥이 눌어붙을 수 있습니다. 특히 죽이나 수프의 경우 조리하면서 반드시 바닥면까지 고루 저어주세요.

· 전자레인지 조리

700W 전자레인지 기준으로 레시피를 작성했습니다. 사양에 따라 조리 시간을 조금씩 조절해야 할 수도 있습니다.

이 책에서는 재료를 전자레인지에 쪄서 익히는 과정이 자주 나옵니다. 찜 용기에 재료를 넣고 물을 2~3순가락 정도 넣어야 바닥과 재료가 타지 않아요. 공기가 통하는 구멍을 남겨두고 뚜껑을 닫아 조리합니다. 전자레인지 조리는 열이 고루 전달되지 않아 일부는 뜨겁고 일부는 차가울 수도 있으니 데운 음식을 아이에게 바로 줄 때에는 주의해주세요.

· 에어프라이어(오븐) 조리

에어프라이어와 오븐은 제품마다 조금씩 출력이 다르기 때문에 처음부터 레시피 그대로 하지 말고 중간중간 굽기 정도를 확인하면서 하는 것이 좋습니다. 에어프라이어를 사용하는 레시피를 오븐으로 조리하려면 일반적으로 온도를 10~20℃ 올리고, 시간은 20~30% 늘리면 적당합니다. 에어프라이어에서 예열은 필수가 아니지만 예열을 하면 조금 더 골고루 가열할 수 있습니다.

겉은 타고 속은 안 익은 것 같다면 온도를 10~20℃ 낮춰야 합니다. 조리 시간은 같거나 더 길어질 수도 있습니다. 시커먼 돌덩이가 되었다면 온도와 조리 시간 모두 조금씩 줄여주세요. 구운 색이 전혀 나지 않는다면 온도를 10~20℃ 올려주세요.

🐾 맛내기

모든 음식은 우리 혀가 느끼는 단맛, 짠맛, 신맛, 고소한 맛이 조화를 이루어야 맛있게 느껴집니다. 특히 단맛과 짠맛은 서로를 살려주기 때문에 음식 맛이 심심하다면 한쪽만 더해주기보다는 단맛과 짠맛을 함께 조금씩 올려주는 것이 좋아요. 예를 들어 설탕 1티스푼을 한 번에 더하기보다는 설탕 1/2티스푼 넣고 소금 1꼬집 넣었을 때 맛이 더 좋아질 수 있습니다. 모든 양념 재료는 레시피 그대로 한 번에 넣기보다는 맛을 보며 조금씩 신중하게 더해가는 것이 좋습니다.

유아식은 조금만 양념이 과해져도 원하던 간의 정도를 벗어날 수 있어요. 소금이나 간장이 과해서 음식이 지나치게 짜게 되었다면 양념 외의 재료를 추가해서 짠맛을 줄입니다. 국은 건더기와 물을 더하고, 무침이나 볶음의 경우 일부 재료를 더해서 다시 무치거나 다시 볶아 짠맛을 조절할 수 있어요.

음식의 신맛이 너무 강하다면 단맛이나 고소한 맛을 더해 보완하면 됩니다. 식초를 많이 넣어 시어졌다면 설탕이나 올리고당을 조금 더해주세요. 메뉴에 따라서는 참기름, 들기름과 같은 기름류나 깨, 우유나 버터 같은 유제품의 고소한 맛으로 신맛을 중화시킬 수 있습니다. 깨를 뿌릴 때에는 반드시 미리 절구에 살짝 빻거나 손으로 으깨면서 넣어주어야 고소한 맛이 제대로 납니다.

🐾 음식 보관과 재가열

먹고 남은 음식을 적절하게 보관하고 재가열해서 먹어야 음식 낭비를 줄일 수 있어요. 각자 몫을 덜어 먹는 습관을 가지고, 개인 그릇에 남긴 것은 폐기하는 것을 원칙으로 합니다. 남은 요리는 밀폐 용기에 담아 냉장하거나 냉동보관 용기에 옮겨 냉동합니다. 냉동할 때에는 다시 먹게 될 때를 생각하여 적절한 크기로 소분하는 것이 좋아요.

국물이 있는 요리와 볶음요리를 하루 이내에 다시 먹으려 상온보관할 때는 한 번 다시 끓이거나 볶아두면 상할 우려가 줄어듭니다. 냉장한 음식은 다시 먹을 때 본래의 조리법으로 재가열하는 것이 맛과 식감을 복원하는 데 가장 좋아요.

- 찜요리 → 찌기
- 끓인 요리 → (물을 약간 더하거나 그대로) 끓이기
- 부침요리 → 팬에 기름 없이(또는 아주 조금만 두르고) 약한 불에 뚜껑 닫고 부치기
- 볶음요리 → 팬에 기름 없이(또는 아주 조금만 두르고) 약한 불에 볶기

재가열 방법이 번거로울 경우에는 전자레인지에 사용 가능한 용기에 옮겨 내용물이 고루 따뜻해질 때까지 돌립니다.

냉동했던 음식은 해동하여 위와 같이 본래의 조리법으로 재가열하거나 전자레인지로 재가열합니다. 한 번 해동한 음식은 빠른 시간 내에 먹고 다시 냉동하지 않습니다.

🔊 조리 시간 줄이기

식사를 준비하는 순서는 다음과 같습니다.
① 재료 씻기, 손질하기
② 썰기
③ 가열하기
④ 양념하기
⑤ 차리기

한 끼 차림 조리 순서 예

한 끼에 조리할 메뉴를 모두 정했다면 하나씩 따로 조리하려고 하지 말고 같은 과정을 묶어서 동시에 진행합니다. 모든 메뉴에 필요한 재료를 한 번에 꺼내어 준비하고, 손질하고, 썰어서 가열 조리가 오래 걸리는 순서대로 조리합니다. 요리를 시작하기 전에 1분 정도만 투자해서 계획을 짜보세요. 메뉴별로 무엇을 해야 하는지 머릿속에 그리고 순서를 짭니다.

한 끼 차림을 위한 조리 순서 예시는 QR코드로 연결된 영상을 참조하세요.

🍳 유아식 식단 짜기 - 이론편

6개월경부터 시작하여 돌 즈음까지 이유식을 겨우겨우 해왔던 부모에게 유아식이라는 단어가 주는 중압감은 엄청납니다. 하루아침에 갑자기 밥, 국, 반찬 세 가지를 차려야 할 것만 같은 부담이 밀려와 무엇부터 해야 하는지 막막해지기 일쑤이죠.

먼저 '유아식 = 5칸'이라는 선입견부터 내려놓으세요. 어린이집이나 유치원에서 5구 식판에 급식을 먹지만, 대부분의 아이들이 적극적으로 먹는 칸은 2~3칸뿐입니다. 그렇다면 부모님이 차려주는 밥은 아주 알차게 세 가지만 준비하면 어떨까요? 아이에게 꼭 필요한 음식만으로 효율적인 식단을 구성하는 겁니다. 유아식은 반찬 가짓수를 따지는 것이 아니라 하루 동안 아이가 섭취하는 모든 음식을 통틀어 생각했을 때 균형과 양이 적절한지를 생각하는 것입니다. 아래의 영양소군이 고루 섭취될 수 있는지를 생각하며 식단을 구성해보세요.

• 탄수화물

아이가 활동하는 데 주요 에너지원이 되는 탄수화물은 밥을 위주로 하는 한식에서는 부족하지 않게 섭취할 수 있습니다. 반드시 쌀밥을 먹어야 한다는 생각을 버리고, 쌀 외에도 다양한 탄수화물 공급원이 있다는 것을 기억하세요. 아래의 식품이 한 끼에 한 가지라도 들어가면 됩니다.

쌀(밥, 떡, 쌀가루), 밀가루 식품(면, 빵), 감자, 고구마, 단호박, 옥수수, 오트밀

• 단백질

근육, 뼈, 혈액 등을 구성하는 기본 영양소로, 아이의 몸 성장에 필수적인 단백질은 흔히 생각하는 것처럼 고기로만 섭취되는 것은 아닙니다. 끼니마다 소고기를 줘야 한다는 부담을 조금 내려놓으면 훨씬 더 다양한 식재료와 반찬 메뉴를 접하게 해줄 수 있습니다. 단백질은 느리게 소화되므로 소화기관에 부담이 가지 않도록 하루 식사에서 고기반찬의 비율을 주의해주세요. 아래의 식품을 한 끼에 1~2가지만 포함해주면 됩니다.

소고기, 닭고기, 돼지고기, 양고기, 오리고기, 달걀, 생선, 오징어, 새우, 조개, 게, 두부, 콩, 우유, 요거트, 치즈, 오트밀, 견과류, 브로콜리, 버섯

✗ 콩이 성조숙증의 원인일까?

여아의 성조숙증을 우려하여 콩으로 만들어진 식품을 제한하는 경향이 있는데, 콩이 직접적으로 성조숙증에 영향을 주기보다는 모든 식품에 있어 성장을 인공적으로 촉진시키는 화학물질이나 식품을 가공하는 과정에서 추가하는 첨가물이 성조숙증과 직접적으로 관련이 있다는 것이 학계의 보고입니다. 콩뿐 아니라 모든 식재료를 선택할 때 유전자 조작의 위험성을 체크하고, 생육 환경이 건강한지를 확인한다면 자연 재료로 조리한 음식을 줄 땐 성조숙증을 염려하지 않아도 됩니다.

· 지방

흔히 지방을 무조건적으로 나쁘게 생각하곤 하는데, 지방은 몸의 체온을 유지하고 에너지원으로 쓰이기 때문에 유아식에 필수입니다. 지방은 조리에 쓰이는 기름이나 대부분의 단백질 식품, 일부 과일에도 들어 있기 때문에 일부러 넣지 않아도 충분한 양을 섭취할 수 있지만 나쁜 지방(트랜스지방)과 덜 좋은 지방(포화지방)은 섭취량을 줄이고, 양질의 지방(불포화 지방산)은 적극적으로 섭취하는 것이 아주 중요해요. 아래의 항목을 일주일 단위로 체크해보세요.

- 등푸른 생선을 의식적으로 챙겨 먹기(습관적으로 준비하던 고기반찬을 생선반찬으로 대체하기)
- 참깨, 참기름보다는(대체할 수 있는 메뉴에 한하여) 들깨, 들기름을 사용하기
- 소량의 견과류를 간식으로 먹거나 음식에 넣기
- 식빵에는 잼보다는 무첨가 땅콩버터를 발라 먹기
- 올리브오일을 사용한 메뉴 넣기
- 기름에 튀긴 요리와 튀겨진 가공식품은 주 1회 이하로 제한하기

· 무기질과 비타민

아이의 몸 성장뿐 아니라 두뇌 성장, 각종 물질의 순환과 건강 유지에 필수적인 무기질과 비타민 역시 유아식에 꼭 들어가야 합니다. 이 두 가지는 어떻게 조합하느냐에 따라 흡수율이 크게 달라지기 때문에 이를 참조하여 식단에 적용해보세요. 위에 이미 언급된 식품에도 함께 함유되어 있으니 곁들이는 재료를 잘 선택해주면 좋습니다. 편식이 심한 아이들의 경우 채소를 골고루 먹이는 것이 쉽지 않지만, 매 끼니에 채소반찬을 포함시켜 조금이라도 섭취할 수 있게 도와주세요.

- 칼슘이 풍부한 식품 : 유제품, 등푸른 생선, 콩, 두부, 멸치
* 비타민D와 함께 섭취하고, 시금치와 함께 섭취하는 것은 피합니다. 시금치는 유제품이나 콩류의 칼슘 흡수를 방해합니다.
- 철분이 풍부한 식품 : 소고기, 닭고기, 생선, 콩, 해조류, 달걀, 버섯
* 비타민C와 함께 섭취해야 흡수율이 좋습니다.
- 아연이 풍부한 식품 : 소고기, 돼지고기, 닭고기, 조개, 견과류, 완두콩
- 비타민C : 사과, 파프리카, 브로콜리, 연근, 귤, 키위
- 비타민D : 달걀, 버섯, 생선기름

🍴 유아식 식단 짜기 - 실전편

영양소별 정보가 몹시 복잡하므로 모든 걸 기억하려고 애쓰거나 너무 어렵게 생각하지 마세요. 이론을 실전에 쉽게 적용하기 위한 몇 가지 팁을 알려드릴게요.

· 단순화한 식단을 참조하세요.

아래의 구조로 식단을 짜되, 국을 좋아하는 아이는 국이나 탕을 곁들여주세요.

- 주식(탄수화물) + 채소와 단백질을 고루 넣은 메인 메뉴
- 주식 + 고기반찬 + 채소반찬
- 주식 + 생선반찬 + 채소반찬
- 주식 + 국 + 채소와 단백질을 고루 넣은 반찬
- 채소와 단백질을 고루 넣은 한 그릇 메뉴

• 보편적인 식단을 짜세요.

양식 레스토랑에서는 '빵 + 수프 + 샐러드 + 메인 요리'가 나오고, 한식집에서는 '밥 + 국 + 고기나 생선반찬 + 가벼운 반찬'이 나오지요. 느끼한 메인 요리나 따끈한 탕요리에는 상큼하고 아삭한 반찬을 곁들이고, 수프에는 찍어 먹기 좋은 빵을 곁들이곤 해요.

직접 어른 식사를 차린 경험이 많지 않다면, 평소 즐기던 외식 메뉴의 구성을 생각해서 유아식단에 적용해보세요. 영양가 밸런스도 자연스럽게 맞고, 식감이나 맛의 조화도 이룰 수 있어요.

돼지고기 구이에 무침반찬, 국, 밥을 곁들여 차린 한식차림

돼지고기 구이에 구운 채소, 샐러드, 감자튀김을 곁들여 차린 양식차림

• 조리법을 겹치지 않게 하세요.

조리법이 겹치지 않으면 영양 균형이 잡혀 건강한 식단이 되고, 식사 준비가 빨라지고, 입도 즐거워요.

A식단 : 제육볶음 + 애호박전 + 콩나물볶음

B식단 : 제육볶음 + 찐 애호박 + 콩나물무침

A식단은 모두 기름기가 많은 메뉴예요.

B식단은 조리법을 바꾸니 기름기가 줄어들어 소화가 잘되고 아삭한 것과 촉촉한 것이 더해져 식감도 풍부해졌으며 고기의 느끼함을 잡아주는 산뜻한 메뉴가 생겼어요. 모두 팬을 사용하는 요리에서 각각 다른 도구를 사용하는 조리법이 되어 동시에 요리를 진행하기도 수월해졌어요. 기름 설거지는 줄어들고요. 볶음과 부침류를 좋아하는 아이는 B식판을 보면 먹을 게 별로 없다고 생각할지도 몰라요. 그러나 이런 식단 구성을 꾸준히 시도하시면 언젠가는 아이도 균형 잡힌 식단을 받아들여 조금씩 마음을 열어줍니다.

🍴 이 책에 나오는 메뉴로 짜는 30끼

같은 재료를 반복적으로 사용하되, 여러 가지 조리법을 활용하여 재료의 낭비는 최소화하고 맛의 다양성은 보장하는 식단을 구성해봅니다. 냉장고에 있는 재료들 중 단백질 역할을 하는 재료로 메인 메뉴를 정한 다음, 어떤 탄수화물 주식이 어울리는지 선택하고, 곁들여줄 채소반찬을 결정합니다. 채소반찬을 결정할 때 메인 요리에 기름기가 많으면 가벼운 조리법으로, 메인 요리가 담백하면 볶음이나 부침으로 넣으면 좋아요.

활용할 재료	1	2	3	4	5
소고기(불고기용) 생선 시금치 양배추 당근 무	소고기뭇국 밥 시금치무침 당근볶음	볶음밥 코울슬로	소불고기 무밥 찐양배추 미역국	시금치소고기카레 밥 깍두기	(당근과 양배추를 함께 조리한) 생선찜 잡곡밥 시금치된장국
소고기(다짐육) 생선 새우 브로콜리 오이 콩나물	생선구이 밥 콩나물국 찐브로콜리 오이볶음	김가루주먹밥 콩나물무침 브로콜리달걀볶음 생오이스틱	브로콜리새우 리조또 피클	새우구이 밥 콩나물볶음 오이무침	소고기콩나물밥 새우탕 브로콜리무침
닭다리살 청경채 배추 고구마 각종 자투리 채소	닭고기고구마 리조또 배추김치	닭다리살스테이크 잡곡밥 청경채무침	오리엔탈닭고기 샐러드 빵 고구마수프	가라아게 잡곡밥 배추된장국 청경채볶음	닭고기미역국 자투리채소밥 배추김치
오징어 소고기(다짐육) 버섯 가지 무 배추	오징어덮밥 무생채	오징어뭇국 밥 배추무침 가지볶음	떡갈비 잡곡밥 버섯무조림 가지무침	오징어볶음 밥 소고기배추된장국 가지전 깍두기	소고기미역국 잡곡밥 무볶음 배추전
소고기 (구이용, 다짐육) 돼지고기(불고기용) 각종 자투리 채소 단호박 숙주나물 감자 애호박	돼지고기숙주볶음 잡곡밥 들깨미역국 찐 단호박	단호박소고기 리조또 깍두기	제육볶음 밥 숙주무침 찐 애호박 된장국	미트볼 빵 감자수프 (고구마수프 응용)	스테이크와 채소구이 감자샐러드 또는 단호박무스
두부 달걀 토마토 오이 북어 게맛살	달걀두부국 밥 오이볶음 토마토절임	토마토두부덮밥 오이+토마토+유자 드레싱 게살달걀수프	두부부침 잡곡밥 북어미역국 오이무침	에그샐러드 샌드위치 게맛살오이샐러드 우유나 두유	토마토달걀볶음 잡곡밥 북엇국 생오이스틱

※ 유아기 올바른 식습관 잡기(358쪽 참조), 유아식 FAQ(361쪽 참조)도 둘러보세요.

CHAPTER 1

한 그릇 메뉴

한 그릇 메뉴로만 아이의 밥상을 차려내고 나서 미안해하는
엄마가 많습니다. 그러나 여러 재료를 넣어 영양 균형을 생각한 한 그릇 메뉴는
아이도 잘 먹고 요리하는 사람도 쉽게 할 수 있으니 더없이 좋지요.

조리하는 과정은 조금 복잡해도
주먹밥이나 김밥을 먹는 날 만큼은
왠지 소풍 기분이 나서
아이도 더 즐겁게 먹는 것 같아요.
볶음밥도 아이들이 참 잘 먹는 메뉴이지요.

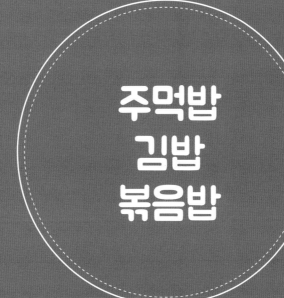

주먹밥
김밥
볶음밥

메뉴에 맞는 질감의 밥 준비하기

주먹밥과 김밥의 밥은 너무 되면 밥알이 따로 놀아 잘 뭉쳐지지 않아요. 그렇다고 너무 질게 되면 끈적끈적해서 만들기 힘들 뿐 아니라 아이가 잘 넘기지 못해요. 밥은 고슬고슬하게 지어 사용해주세요.

볶음밥은 가열 과정에서 밥이 촉촉해지기 때문에 된 밥이나 퍼석한 밥이 더 좋습니다. 냉장 또는 냉동해 두었던 찬밥도 좋고, 데우기 전의 즉석밥도 좋아요. 갓 지은 밥은 한 김 식혀 사용하세요.

어른이 먹는 볶음밥은 기름으로 맛을 내지만, 아이가 먹는 볶음밥은 소화에 무리가 있을 수 있으니 기름을 너무 많이 사용하지 않도록 주의합니다.

김밥 만들기 팁

김밥은 재료가 몇 가지 빠지거나 더해져도 맛있어요. 수록된 레시피를 바탕으로 다양한 레시피를 개발해보세요. 밥을 김 면적에 꽉 차게 하면 김밥이 너무 커지므로 반 정도만 채우세요. 김을 잘라서 반만 써도 됩니다. 따뜻한 밥이어야 참기름이 잘 섞여요. 밥에 소금을 약간 치면 더 맛있지만 아이 음식에 간을 많이 하지 않는 가정에서는 생략해도 돼요.

김가루 주먹밥

♥ 재료(아이 2끼 분량)
밥 1공기(200g)
각종 채소 100g
다진 고기 100g
김가루 1/2컵
참기름(들기름) 1숟가락
식용유 약간

1 채소를 모두 다진다.

2 팬에 식용유를 약간 두르고 채소와 다진 고기를 넣고 모두 익을 때까지 중간 불에 볶는다.

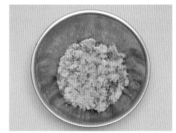

3 밥에 참기름(들기름)과 2를 넣고 잘 섞는다.

4 먹기 좋은 크기로 뭉쳐 김가루에 굴려준다.

TIP

* 채소는 양파, 당근, 애호박 등 냉장고의 자투리 채소를 자유롭게 활용해주세요.
* 다진 고기는 소고기, 돼지고기, 닭고기 모두 좋아요.
* 김가루는 일반 김을 손으로 부셔서 사용하거나 믹서에 갈아도 돼요.
* 멀티 볶음(355쪽 참조)을 사용하면 1~2번 과정을 생략할 수 있어요.

♥ 재료(가족 1끼 분량)
밥 2.5공기(500g)
잔멸치 1컵(40~50g)
크랜베리 3숟가락
맛술 1숟가락
조청(또는 올리고당)
1티스푼
들기름(참기름) 1숟가락
깨 1숟가락
식용유 약간

멸치주먹밥

까슬한 식감에
예민한 아이라면
멸치를 볶기 전에
잘게 다져주세요.

1 끓는 물에 멸치를 1분 정도 데친다.

2 팬에 식용유를 약간 두르고 멸치, 맛술, 조청을 넣고 양념이 잘 스며들 때까지 중간 불에 볶는다.

3 밥에 2와 다진 크랜베리를 넣고 들기름, 깨를 뿌려 고루 섞고 먹기 좋은 크기로 뭉친다.

시금치 새우주먹밥

♥ 재료(아이 2끼 분량)
밥 1공기(200g)
시금치 80g
새우140g
들기름 1숟가락
깨 1티스푼

1 손질한 새우를 찜 용기에 넣고 물 약간을 더해 전자레인지에 3분 돌린다.

2 끓는 물에 30초 데쳐 물기를 짠 시금치와 익힌 새우를 잘게 다진다.

3 밥에 2, 들기름, 깨를 넣고 섞어 먹기 좋은 크기로 뭉친다.

유부초밥

♥ 재료(12~15개 분량)

반 잘린 유부 12~15장　　소금 2꼬집
밥 2공기(400g)　　　　　식용유 약간
다진 채소 80g
식초 1숟가락
참기름 1숟가락
설탕 1티스푼

1 유부는 끓는 물에 1분 정도 데치고 물기를
　꼭 짠다.

2 채소를 잘게 다져 식용유를 약간 두른 팬
　에 중간 불로 볶는다.

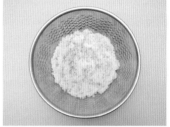

3 밥에 식초, 설탕, 소금(생략 가능), 참기름
　을 뿌려 잘 섞는다.

4 2에서 볶은 채소를 섞어준다.

밥풀이
손에 들러붙어
뭉치기 어렵다면
손에 물을 묻혀가며
해보세요.

5 밥을 유부에 맞는 크기와 모양으로 뭉쳐
　유부 주머니 안에 넣는다.

TIP
* 채소는 당근, 양파, 애호박, 파프리카 등을 활용하세요. 355쪽의 멀티 볶음(4~5숟가락)이나
　356쪽의 후리카케(1~2숟가락)를 활용하면 편리해요.
* 마트에 흔히 파는 어린이 유부초밥용 조미유부를 사용했습니다.

김밥

♥ 재료(5~6줄 분량)

김밥용 김 5~6장	단무지 6줄
밥 2~3공기(400~600g)	식용유 약간
달걀 3개	소금 3꼬집
당근 1개	참기름 1숟가락
시금치 150g	
우엉 1대	

1 채 썬 우엉을 조린다(279쪽 우엉조림 참조).

2 채 썬 당근을 식용유를 약간 두른 팬에 볶는다. 소금 1꼬집으로 간한다.

> 조리 시간을 줄이려면 시금치 볶는 과정은 생략해도 돼요.

3 시금치는 끓는 물에 30초 미만으로 데쳐 물기를 짠 뒤 식용유를 약간 두른 팬에 볶는다.

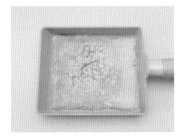

4 달걀을 풀어 팬에 넓게 부어 부친 후 식혀서 길게 썬다.

> 달걀이나 단무지처럼 각진 재료를 끝에 놓고 사이에 채 썬 재료를 채우면 덜 흐트러져요.

5 밥에 소금(생략 가능)과 참기름을 뿌리고 잘 섞은 뒤, 김 위에 얇게 올리고 재료들을 차례로 올려 만다.

> 깨끗하게 썰리지 않는다면 칼에 물이나 참기름을 묻혀가며 썰어보세요.

6 표면에 참기름을 바르고 먹기 좋은 두께로 썬다.

TIP

모든 재료를 갖추지 않아도 되고, 원하는 재료를 추가해도 돼요. 직접 만든 단무지를 쓰려면 306쪽을 참조해주세요. 시판 단무지를 사용할 경우 물에 1시간 정도 담갔다가 사용하면 좋아요.

응용 메뉴

김밥전
김밥이 많이 남았다면 상하기 쉬우니 반드시 냉장보관하세요. 냉장보관 후에 푸석해져서 맛이 없어진 김밥은 달걀물을 입혀 팬에 부치면 김밥만큼 맛있는 김밥전이 됩니다.

아보카도 게맛살김밥

♥ 재료(5~6줄 분량)

김밥용 김 5~6장
밥 2~3공기(400~600g)
게맛살 150~180g
아보카도 1개
깻잎 10~12장(생략 가능)
참기름 1숟가락
마요네즈 약간(생략 가능)

TIP
간한 음식을 먹는 아이는 마요네즈를 조금 뿌려 말거나 찍어 먹게 해주면 더욱 맛있게 먹을 수 있어요.

1 게맛살은 잘게 찢어 뜨거운 물에 데치거나 5분 정도 담가두어 짠맛을 빼준다. 아보카도는 얇게 썬다.

2 밥에 참기름을 뿌려 잘 섞는다.

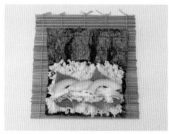

3 김을 펼쳐 밥을 얇게 올리고 깻잎을 깐 뒤 게맛살과 아보카도를 올려 만다.

낫또김밥

♥ 재료(2줄 분량)

김밥용 김 2장
밥 1공기(200g)
낫또 1팩

1 낫또를 휘저어 실이 늘어나게 한다.

2 김을 펼쳐 밥을 올리고 낫또를 올려 만다.

TIP
간한 음식을 먹는 아이는 낫또에 간장 1/2티스푼을 넣어 섞어주세요. 350쪽의 아이 간장소스를 활용해도 좋아요.

오이치즈김밥

♥ 재료(5~6줄 분량)

김밥용 김 5~6장
밥 2~3공기(400~600g)
오이 1개
아기치즈 6장
참기름 1숟가락
소금 2꼬집

1 오이는 무른 씨 부분을 티스푼으로 파내
어 제거하고 나머지 부분을 채 썬다.

2 채 썬 오이에 소금 2꼬집을 뿌려 10분간
절이고 물기를 꼭 짠다.

3 밥에 참기름을 뿌려 잘 섞는다.

4 김을 펼쳐 밥을 올리고 반으로 자른 아기
치즈를 나란히 깐 위에 채 썬 오이를 올
려 만다.

김치볶음밥

♥ 재료(아이 2끼 분량)
밥 1공기(200g)
김치 80g
양파 1/4개
버터 1티스푼(생략 가능)
올리고당 1티스푼
굴소스(또는 새우젓) 약간
식용유 약간

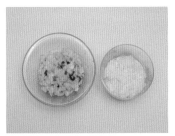

1 양파는 잘게 다지고 김치는 양념을 짜서 잘게 썬다.

2 팬에 버터 1티스푼과 식용유를 약간 두르고 양파와 김치를 중간 불에 함께 볶다가 양파가 투명해지면 올리고당 1티스푼을 섞는다.

짭짤한 김치를 넣었다면 따로 간하지 않아도 돼요.

3 양파가 노릇하게 익으면 밥 한 공기를 넣고 볶는다. 맛을 보고 굴소스 약간으로 간한다.

TIP
김치는 299쪽 아이 김치를 그대로 사용하거나 어른 김치를 씻어서 사용하세요.

응용 메뉴

베이컨김치볶음밥, 햄김치볶음밥
김치볶음밥 과정 2에서 다진 베이컨을 추가하면 베이컨김치볶음밥, 다진 햄을 추가하면 햄김치볶음밥이 돼요.

파인애플볶음밥

♥ 재료(가족 1끼 분량)

밥 2.5공기(500g)　　　　버섯 20g
파인애플 1/4개(약 140g)　대파 20g
다진 돼지고기　　　　　 새우젓(또는 굴소스)
(또는 소고기) 150g　　　1티스푼
양파 1/4개　　　　　　　식용유 약간
파프리카 30g

1 양파와 대파를 함께 다져 덜어둔다.

2 파프리카, 버섯, 파인애플을 함께 다진다.

3 팬에 식용유를 약간 두르고 중간 불에 양
파와 대파를 먼저 볶다가 노릇해지면 다
진 고기를 넣고 볶는다.

4 파프리카, 버섯, 파인애플을 추가해서 볶
다가 수분기가 날아가면 밥을 넣고 볶는
다.

5 새우젓 1티스푼 또는 굴소스 1티스푼으로
간한다.

TIP

* 파인애플 통조림을 사용할 경우 국물을 짜서 쓰세요.
* 고기는 어떤 종류여도 잘 어울리고, 새우로 대체해도 맛있어요.
* 버섯도 새송이버섯, 느타리버섯, 표고버섯 등 어떤 버섯이든 좋아요.

대파달걀볶음밥

❤ 재료(가족 1끼 분량)
밥 2.5공기(500g)
대파 1/3대
달걀 3개
굴소스 1티스푼
식용유 약간

1 대파를 다진다.

2 팬에 식용유를 약간 두르고 중간 불에 대파를 볶는다.

달걀을 미리 풀어 부어도 되고 팬에 바로 깨 넣어도 돼요.

3 대파 색이 짙어지면 가장자리로 밀고 달걀을 풀어 빠르게 휘젓는다.

4 밥을 섞으며 볶는다. 굴소스로 간한다.

해물볶음밥

♥ 재료(가족 1끼 분량)

밥 2.5공기(500g)	대파 30g
오징어 100g	버섯 20g
새우 100g	다진 마늘 1티스푼
양파 60g	굴소스 1티스푼(생략 가능)
애호박 30g	맛술 1티스푼(생략 가능)
당근 30g	식용유 충분히

손질법은 20~21쪽을 참고하세요.

 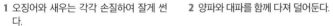

1 오징어와 새우는 각각 손질하여 잘게 썬다.

2 양파와 대파를 함께 다져 덜어둔다.

3 나머지 채소를 함께 다진다.

4 팬에 식용유를 충분히 두르고 양파, 대파, 다진 마늘을 중간 불에 볶는다.

5 양파가 투명해지면 나머지 채소도 넣고 볶다가 채소 색이 짙어지면 해물과 맛술을 넣는다.

5 해물이 익으면 밥을 넣고 골고루 섞으며 볶는다. 굴소스로 간한다.

우유와 함께 조리하여 부드럽고 고소한 리조또는
맛도 친근하고, 우유의 풍미가 여러 재료들의 맛을
조화롭게 만들어주어 아이들이 잘 먹는 한 그릇 메뉴이지요.

리조또

재료 볶기 → 우유 + 육수 넣기 → 밥 넣어 끓이듯이 볶기

원하는 질감 찾기
레시피대로 하면 약간 되직한 리조또가 됩니다. 푹 퍼지고 촉촉한 리조또를 만들려면 육수나 우유를 더 준비해두고 끓이면서 추가해주세요. 육수는 354쪽 멀티 육수 레시피를 참조하여 냉장고에 상비하면 좋아요.

굳은 리조또를 맛있게!
리조또는 바로 먹지 않으면 단단하게 굳어 맛이 없어집니다. 팬에 옮겨 물을 더해서 잘 풀어주고 약한 불로 다시 보글보글 끓여주세요.

간 조절
우유가 들어간 요리는 다른 음식과 같은 양의 소금간을 해도 더 싱겁게 느껴집니다. 싱거우면 느끼한 맛이 강하게 느껴지므로 어른 몫에는 소금간을 2~3배 더하거나 치즈로 짠맛을 더해주세요.

우유는 두유로 대체 가능
우유를 먹지 못하는 아이는 같은 양의 두유로 대체해주세요. 우유 대체용 두유는 당분이 첨가되지 않은 제품으로 구입하세요.

버섯조개
리조또

♥ 재료

밥 2공기(400g)   아기치즈 1장(생략 가능)
바지락살 150g   맛술 1숟가락
버섯 50~60g   다진 마늘 1티스푼
양파 1/2개   소금 3꼬집
우유(또는 두유) 200ml   후추 2꼬집
육수(또는 물) 200ml   식용유 약간

바지락을 가위질해서 먹기 좋게 잘라주세요.

1 바지락살은 깨끗이 씻어 맛술에 버무려 놓고, 버섯과 양파는 잘게 다진다.

2 팬 또는 냄비에 식용유를 약간 두르고 다진 마늘과 다진 양파를 중간 불에 볶는다.

3 양파가 투명해지면 버섯을 함께 볶다가 바지락을 더한다.

우유를 추가하면서 원하는 농도를 맞춰주세요.

마지막에 치즈를 녹이면 더 꾸덕꾸덕한 질감을 만들 수 있어요.

4 밥을 넣고 잘 풀어 섞은 뒤, 우유와 육수를 붓고 저어준다. 소금으로 간한다.

5 보글보글 끓기 시작하면 조금 더 젓다가 밥이 적당히 부드러워지면 불을 끄고 후추를 뿌린다.

TIP

* 여기서는 건조 표고버섯을 불려서 썼어요. 양송이버섯, 느타리버섯, 팽이버섯, 새송이버섯 등 다른 버섯을 써도 좋아요.
* 어른은 소금간을 더하고 파르메산 치즈를 뿌려 드세요.

단호박소고기 리조또

❤ 재료

밥 2공기(400g)
단호박 1/3개
다진 소고기 150g
양파 1/2개
우유(또는 두유) 200ml
육수(또는 물) 200ml

다진 마늘 1티스푼
소금 3꼬집
후추 2꼬집
식용유 약간

단호박 껍질이 영양가가 좋으니 껍질을 다 벗길 필요 없어요.

1 단호박은 전자레인지에 5분 돌려 찌고 육수 200ml, 우유 100ml와 함께 믹서에 간다.

2 팬에 식용유를 약간 두르고 다진 마늘과 다진 양파를 중간 불에 볶는다.

3 양파가 투명해지면 다진 소고기를 더해 볶는다.

4 소고기의 핏기가 가시면 밥과 1을 넣어 골고루 섞는다.

5 중간 불에서 가열하다가 보글보글 끓어 오르면 약한 불로 줄이고 원하는 밥의 식감이 될 때까지 우유를 추가하며 저어주면서 조리한다.

6 소금으로 간하고 마지막에 후추를 뿌려 잘 섞는다.

해물로제 리조또

♥ 재료

밥 2공기(400g)   맛술 1숟가락
토마토 2~3개(약 500g)   다진 마늘 1티스푼
홍합 100g   소금 2꼬집
양파 1/2개   후추 2꼬집
우유(두유) 150ml   식용유 약간
육수(또는 물) 250ml   아기치즈 1장(생략 가능)

1 토마토는 꼭지만 따서 다지기로 다지거나 믹서에 간다.

2 팬에 식용유를 약간 두르고 다진 마늘과 다진 양파를 중간 불에 볶는다.

3 2에 1을 붓고 홍합과 맛술도 넣어 함께 볶는다.

4 수분이 줄어들면 밥을 섞어 풀어준다.

우유를 추가하면서 원하는 농도를 맞춰주세요.

5 육수, 우유, 소금을 넣고 섞어 보글보글 끓어오르면 약한 불로 줄여 원하는 밥의 식감이 될 때까지 저어가면서 조리한다.

6 기호에 따라 치즈, 후추를 뿌려 마무리한다.

TIP

* 여기서는 홍합을 썼지만 오징어, 새우 등 다른 해물을 쓰거나 모듬 해물을 사용해도 좋아요.
* 토마토 대신 홀토마토 캔(300g 정도)이나 345쪽의 토마토소스를 사용하면 더 맛있어요.

브로콜리새우 리조또

💜 재료

밥 2공기(400g)
브로콜리 1/3개(약 100g)
새우(손질 후) 150g
양파 1/2개
육수(또는 물) 250ml
우유(또는 두유) 200ml

다진 마늘 1티스푼
소금 3꼬집
후추 2꼬집
식용유 약간

다지기 전에 먼저 익히면 리조또가 더 부드러워요.

1 브로콜리는 다지기나 칼로 곱게 다진다. 양파도 다져둔다.

2 팬에 식용유를 약간 두르고 다진 마늘과 다진 양파를 볶다가 양파가 반투명해지면 브로콜리도 넣어 함께 볶는다.

3 양파가 노릇하게 익으면 새우도 넣어 함께 볶는다.

4 밥을 섞고 우유와 육수를 부어 끓인다. 소금으로 간한다.

우유를 추가하면서 원하는 농도를 맞춰주세요.

5 끓어오르면 약한 불로 줄여 원하는 식감이 될 때까지 저어가면서 조리한다. 기호에 따라 치즈, 후추를 뿌려 마무리한다.

TIP

새우는 생새우를 손질하여 잘게 썰어 쓰거나 새우살 제품을 써도 돼요.
새우 손질은 20쪽을 참조하세요.

닭고기고구마 리조또

♥ 재료

밥 2공기(400g)
닭다리살 2덩이(120g)
고구마 1~2개(150g)
양파 1/2개(100g)
육수(또는 물) 250ml
우유(또는 두유) 200ml

소금 3꼬집
후추 2꼬집(생략 가능)
식용유 약간

1 고구마와 양파를 잘게 썬다. 닭고기도 다 지거나 잘게 썬다

2 팬에 식용유를 약간 두르고 중간 불에 양파와 고구마를 볶는다.

3 양파가 노릇해지면 닭고기도 함께 볶다가 육수를 부어 푹 익힌다.

4 밥을 섞고 우유를 부어 끓인다. 소금으로 간한다.

5 보글보글 끓어오르면 약한 불로 줄여 원하는 밥의 식감이 될 때까지 저어가면서 조리한다. 기호에 따라 후추를 뿌려 마무리한다.

TIP
닭다리살은 안심이나 가슴살을 사용해도 좋아요.

연어양배추 리조또

♥ 재료

밥 2공기(400g)	다진 마늘 1티스푼
연어 120g	소금 3꼬집
양배추 40g	후추 2꼬집
양파 1/4개	식용유 약간
우유 200ml	
육수(또는 물) 250ml	

1 양배추와 양파는 잘게 썰고 연어도 먹기 좋은 크기로 썬다.

2 팬에 식용유를 약간 두르고 다진 마늘을 볶다가 양파와 양배추를 넣고 볶는다.

3 양파와 양배추가 익으면 연어와 밥을 넣고 섞는다.

4 우유와 육수를 부어 끓인다. 소금으로 간한다.

5 보글보글 끓어오르면 약한 불로 줄여 원하는 밥의 식감이 될 때까지 저어가면서 조리한다. 기호에 따라 후추를 뿌려 마무리한다.

밥에 비벼 한 그릇 뚝딱 할 수 있는 카레와 짜장!
시판 가루는 나트륨과 첨가물 함량이 높기 때문에
유아식 레시피에서는 소량만 사용합니다.

카레
짜장

재료를 볶아 풍미 내기 → 물로 끓여 익히기 → 가루 더해서 농도 만들기

카레가루와 짜장가루 구입 요령

카레가루와 짜장가루는 제품 뒷면에 적힌 원료의 가짓수가 적을수록 좋아
요. 나트륨 함량을 비교해서 동일 양 기준 가장 낮은 제품이 좋습니다. 카레
가루는 매운맛이 나지 않는 순한 맛 제품으로 구입하세요.

카레와 짜장 건더기 재료

카레의 건더기가 되는 채소류는 감자, 양파, 당근을 기본으로 하고 냉장고
에 있는 다양한 채소를 활용하세요. 육류는 주로 돼지고기를 사용하는 것이
일반적이지만 집에 있는 다른 육류로 대체해도 돼요. 큼직한 덩어리를 좋아
하지 않는 아이는 아주 작은 입자부터 시작하여 서서히 키워나가세요.

기본 카레

♥ 재료

돼지고기(카레용) 200g
감자 1개
양파 1/2개
당근 40g
버섯 40g(생략 가능)
브로콜리 40g(생략 가능)

카레가루 2숟가락(30g)
육수(또는 물) 500ml
식용유 약간

1 모든 재료를 작게 썬다.

2 팬에 식용유를 약간 두르고 양파, 감자, 당근을 중간 불에 볶는다.

3 양파가 반투명해지면 돼지고기를 더해 볶다가 버섯과 브로콜리도 넣는다.

4 육수를 붓고 중간 불에서 끓인다.

5 재료가 다 익으면 카레가루 2숟가락을 풀고 조금 더 되직해질 때까지 약한 불에서 중간중간 저어가며 끓인다.

TIP

* 채소류는 감자, 양파, 당근을 기본으로 하고 냉장고에 있는 다양한 채소를 활용하세요.
* 돼지고기는 카레용으로 구입하거나 앞다릿살, 뒷다릿살, 안심, 등심 중 좋아하는 부위로 구입하여 잘게 썰어 준비합니다.
* 아주 순한 맛의 카레예요. 카레가루 양이 적어 조금 묽어요. 큰 아이들은 카레가루를 조금 더 넣어주세요.

토마토카레

♥ 재료

토마토 2~3개(약 500g) 카레가루 2숟가락(30g)
돼지고기(카레용) 150g 육수(또는 물) 100ml
양파 1개 식용유 약간
감자 1개
애호박 1/3개
당근 1/3개

믹서에 간다면 이 과정을 생략해도 돼요.

1 끓는 물에 십자로 칼집 낸 토마토를 데쳐 껍질을 벗긴다.

2 토마토를 다지거나 믹서에 간다.

3 양파는 잘게 다지고 감자, 애호박, 당근은 작게 깍둑썰기 한다.

4 팬에 식용유를 약간 두르고 중간 불에 양파를 노릇하게 볶다가 돼지고기를 추가해서 볶는다.

5 돼지고기의 핏기가 가시면 나머지 채소를 모두 넣고 표면에 기름을 코팅하듯이 볶는다.

6 육수와 2를 붓고 중간 불에서 끓이다가 끓어오르면 약한 불로 줄여 모든 재료를 충분히 익힌다.

7 카레가루를 넣고 잘 풀어준다. 감자가 완전히 익으면 불을 끈다.

TIP
* 돼지고기는 카레용으로 구입하거나 앞다릿살, 뒷다릿살, 안심, 등심 중 좋아하는 부위로 구입하여 잘게 썰어 준비합니다. 다진 고기를 써도 돼요.
* 새콤한 토마토를 쓸 경우 카레 맛도 시큼해지기 때문에 설탕 1티스푼을 섞어주거나 우유를 약간 넣어 신맛을 중화해주세요.

단호박카레

♥ 재료

단호박 1/2개(200g)   피망 20g(생략 가능)
닭고기 150g   카레가루 2숟가락(30g)
양파 1개   우유(또는 두유) 200ml
감자 1/2개   육수(또는 물) 200ml
당근 1/3개   식용유 약간
버섯 70g(생략 가능)

씨와 꼭지는 제거하고 껍질은 벗기지 않고 갈아도 돼요.

1 단호박 1/2통을 전자레인지에 5분 찌고 우유와 함께 믹서에 간다.

2 양파는 다지고 감자, 당근, 버섯, 피망은 잘게 썬다.

3 팬에 식용유를 약간 두르고 중간 불에 양파를 볶다가 반투명해지면 닭고기를 넣고 함께 볶는다.

4 닭고기의 핏기가 가시면 다른 채소들을 모두 넣고 볶다가 육수를 붓고 끓인다.

5 재료가 모두 푹 익으면 1과 카레가루를 넣고 잘 풀어준다.

6 한 번 끓어오르면 약한 불로 줄여 저으면서 5분 정도 끓이고 불을 끈다.

TIP

닭고기는 안심, 가슴살, 다리살 중 좋아하는 부위로 구입하여 잘게 썰어 준비합니다.
소고기나 돼지고기도 괜찮아요.

시금치소고기 카레

💗 재료

시금치 150g	카레 가루 1숟가락
다진 소고기 150g	육수(또는 물) 400ml
양파 1개	다진 마늘 1티스푼
감자 1개	식용유 약간
버섯 1/2개	
당근 1/3개	

채소가 타려고 하면 물 또는 육수를 2~3숟가락씩 추가하며 볶아주세요.

1 손질한 시금치를 끓는 물에 20초간 데치고 건져 육수와 함께 믹서에 간다.

2 양파는 다지고, 그 외의 채소는 잘게 썰어 준비한다.

3 팬에 식용유를 약간 두르고 다진 양파가 노릇해질 때까지 중간 불에 볶다가 다른 채소들을 추가하여 볶는다.

4 감자가 익기 시작하면 다진 소고기와 다진 마늘 1티스푼을 더해 볶는다.

5 재료가 거의 다 익으면 1을 붓고 카레 가루 1숟가락을 넣어 잘 섞는다.

6 약한 불에서 저어가며 끓이다가 감자가 완전히 익고 적당한 질감이 되면 불을 끈다.

게살크림카레

♥ 재료

게맛살 80g	카레가루 1.5숟가락
양파 80g	우유 200ml
양배추 40g	육수(또는 물) 200ml
당근 30g	식용유 충분히
대파 30g	
다진 마늘 1티스푼	

1 채소를 채 썬다. 게맛살은 가늘게 찢는다.

짠맛과 첨가물을 줄이는 과정입니다.

2 게맛살을 끓는 물에 3분 데친다.

3 팬에 식용유를 충분히 두르고 대파와 양파를 중간 불에 볶는다.

4 대파 향이 올라오고 양파가 투명해지면 당근, 양배추, 게맛살을 더해 볶는다.

5 채소 색이 선명해지면 육수를 부어 재료가 다 익을 때까지 끓이고 우유를 부어 약한 불에 한소끔 더 끓인다.

6 카레가루를 풀어 잘 섞고 적당한 농도가 될 때까지 저어가며 약한 불에 뭉근히 끓인다.

TIP

우유 대신 생크림이나 코코넛밀크를 사용하면 더욱 풍부한 맛을 낼 수 있어요.

짜장

💜 재료

돼지고기 200g　　대파 1/3대(흰 부분)
양파 1개　　　　육수(또는 물) 300ml
감자 1개　　　　짜장가루 2숟가락
당근 1/2개　　　식용유 약간
애호박 1/2개
양배추 2~3잎

1 대파는 다지고 나머지 모든 채소를 잘게 썬다.

2 팬에 식용유를 약간 두르고 다진 대파를 중간 불에 볶다가 파 향이 올라오면 돼지고기를 넣는다.

3 돼지고기의 핏기가 가시면 나머지 채소를 모두 넣고 볶는다.

4 채소 색이 짙어지기 시작하면 육수를 붓고 중간 불로 끓인다. 끓어오르면 약한 불로 줄이고 감자가 푹 익을 때까지 끓인다.

5 짜장가루를 풀어 5분 정도 더 저어주며 약한 불에 끓이다가 불을 끈다.

TIP

* 돼지고기는 카레용으로 구입하거나 앞다릿살/뒷다릿살/안심/등심 등을 구입하여 잘게 썰어 준비합니다.

* 짜장가루 양이 적어 조금 묽어요. 마지막에 전분물을 둘러 저어주면 점도를 잡을 수 있어요. 큰 아이들은 짜장가루를 더 넣어주세요.

덮밥은 한 그릇 음식으로도 다양한 영양소를
챙겨줄 수 있는 효자 메뉴입니다.
레시피는 덮밥소스 조리법이에요.
밥을 따로 준비하여 위에 얹어주세요.

덮밥

재료를 볶아 풍미 내기 → 약간의 육수 더해 익히기 → 전분물로 끈적끈적하게 만들기

전분물은 필수!

전분가루를 물에 녹여 마지막에 풀어주면 끈적끈적한 질감이 되어 밥에 비벼 먹기 좋게 됩니다. 전분은 금방 가라앉으므로 팬에 붓기 직전에 한 번 잘 섞어주세요.

육수 사용

육수를 사용하면 짠맛 양념을 많이 더하지 않고도 맛있는 덮밥 소스를 만들 수 있어요. 354쪽의 멀티 육수 레시피를 참조하여 냉장고에 상비하면 좋아요.

재료 손질

어린아이들도 숟가락으로 밥과 함께 쉽게 떠먹을 수 있도록 재료를 잘게 썰어주세요.

오징어덮밥

오징어 손질은 21쪽을 참조하세요.

♥ 재료

오징어 1마리	다진 마늘 1티스푼
양파 60g	케첩 1티스푼
당근 20g	파프리카페이스트 1숟가락(생략 가능)
파프리카 15g	굴소스 1/2티스푼
부추 10g(생략 가능)	전분물(전분 1티스푼 + 물 2숟가락)
육수(또는 물) 200ml	식용유 약간

1 깨끗하게 씻은 오징어는 잘게 썰고, 파프리카, 당근, 양파는 채 썬다. 부추도 먹기 좋은 길이로 썬다.

2 팬에 식용유를 약간 두르고 다진 마늘과 양파를 함께 중간 불에 볶는다.

3 양파가 반투명해지면 당근과 파프리카를 더해 겉면만 익히듯이 볶는다.

4 오징어를 추가하고, 육수를 부어 끓인다.

5 케첩, 파프리카페이스트, 굴소스를 넣고 잘 섞으며 약한 불에 졸인다.

6 모든 재료가 다 익으면 부추를 넣고, 전분물을 둘러 빠르게 저은 뒤 불을 끄고 밥에 올린다.

TIP

수제 아이 케첩은 340쪽을, 파프리카페이스트는 343쪽을 참조해주세요.

응용 메뉴

순한오징어덮밥
오징어덮밥 과정 5에서 케첩, 파프리카페이스트, 굴소스를 양파잼(341쪽 참조, 생략 가능) 1숟가락과 국간장 1티스푼으로 대체합니다.

토마토두부덮밥

♥ 재료

두부 200g
다진 돼지고기 100g
토마토 1개
양파 1/2개
부추 15g(생략 가능)
육수(또는 물) 100ml

다진 마늘 1티스푼
케첩 1티스푼(생략 가능)
굴소스 1티스푼
전분물(물 2숟가락 + 전분 1티스푼)
식용유 약간

1 두부는 작게 깍둑썰기 하고 나머지 채소는 잘게 썬다.

2 팬에 식용유를 약간 두르고 다진 마늘과 양파를 중간 불에 볶다가 양파가 투명해지면 돼지고기를 더해서 노릇하게 볶는다.

3 토마토를 더해 볶다가 육수를 추가해서 끓인다.

4 모든 재료가 익으면 두부를 넣는다.

5 케첩과 굴소스를 넣고 잘 섞어준다.

6 부추를 넣고 전분물을 둘러 빠르게 저은 뒤 불을 끄고 밥에 올린다.

TIP

* 수제 아이 케첩은 340쪽을 참조해주세요.

* 어른은 간을 추가하고 기호에 따라 고춧가루나 크러쉬드 레드페퍼를 더해 볶아서 드세요.

닭고기달걀덮밥 (오야코동)

❤ 재료

닭 안심(또는 다리살) 150g
달걀 2개
양파 1개
다진 마늘 1티스푼
식용유 약간

<국물 재료>
육수 100ml
국간장 1티스푼
맛술 1티스푼(생략 가능)
액젓 1/2티스푼(생략 가능)

1 잘 씻은 닭 안심은 작게 썰고, 양파는 채 썬다.

2 국물재료를 섞고, 달걀은 다른 그릇에 미리 풀어 둔다.

3 팬에 식용유를 약간 두르고 다진 마늘과 양파를 중간 불에 노릇하게 볶는다.

4 닭고기를 추가해서 볶다가 핏기가 가시면 2에서 준비해 둔 국물을 붓고 약한 불에서 졸인다.

5 닭고기가 완전히 익으면 달걀물을 두르고 한 번 휘저어준 뒤, 뚜껑을 닫고 약한 불에서 익힌다.

6 달걀이 원하는 만큼 익으면 불을 끄고 밥에 올린다.

응용 메뉴

돈가스덮밥
닭고기 대신 돈가스를 썰어 레시피 그대로 조리하면 돈가스덮밥(가쓰동)이 됩니다.

시금치소고기 덮밥

❤ 재료

시금치 150g
다진 소고기 150g
양파 1/2개
당근 30g
육수 150ml
다진 마늘 1티스푼

굴소스 1티스푼
액젓 1/2티스푼(생략 가능)
전분물(전분 1티스푼 + 물 2숟가락)
식용유 약간

1 씻은 시금치는 끓는 물에 미리 20초 데치고 다져서 준비한다. 양파, 당근도 다진다.

2 팬에 식용유를 약간 두르고 다진 마늘과 양파를 중간 불에 볶다가 당근을 더해 볶는다.

3 양파가 노릇해지면 시금치와 소고기를 더해서 볶는다.

간한 요리를 막 먹기 시작한 아이는 양념의 양을 줄이거나 생략해도 돼요.

4 소고기의 핏기가 가시면 육수를 추가해 졸이면서 굴소스 1티스푼과 액젓 1/2티스푼으로 간한다.

5 전분물을 둘러 빠르게 저은 뒤 불을 끄고 밥에 올린다.

연어 아보카도덮밥

♥ 재료(아이 2~3끼 분량)

연어 200g
양파 1/4개(50g)
아보카도 1/2개
아이 간장소스 1숟가락
레몬즙(또는 식초) 1티스푼
식용유 약간

TIP

* 아이 간장소스는 350쪽을 참조하세요.
* 어른은 생연어로 만들고 간장을 추가하세요.
　기호에 따라 와사비도 곁들여 드세요.

1 손질한 아보카도, 양파, 연어를 잘게 썬다.

2 팬에 식용유를 약간 두르고 양파를 중간 불에 볶은 뒤 연어를 더해 익을 때까지 볶는다.

3 밥에 아보카도와 2를 올리고 아이 간장 소스와 레몬즙을 둘러준다.

낫또덮밥

♥ 재료(아이 2끼 분량)

낫또 1팩
달걀 1개
밥 1공기
김 약간
김치 3숟가락(생략 가능)
어린잎 약간(생략 가능)
식용유 약간

TIP

김치는 299쪽 아이 김치를 그대로 사용하거나 어른 김치를 씻어서 사용하세요.

김치의 간만으로도 괜찮지만 조금 더 맛있게 먹으려면 350쪽 아이 간장 소스를 1~2티스푼 둘러주세요.

1 팬에 식용유를 약간 두르고 달걀을 휘저어 스크램블을 만든다.

2 낫또는 충분히 휘젓고, 김치는 잘게 썬다.

3 밥에 달걀, 김치, 낫또, 김가루, 어린잎을 올린다.

가지소고기덮밥

♥ 재료

가지 1개 물(또는 육수) 150ml
소고기 100g 전분물(물 2숟가락 + 전분 1티스푼)
양파 1/2개 식용유 약간
대파 2숟가락
다진 마늘 1티스푼
굴소스 1티스푼

간한 요리를
막 먹기 시작한 아이는
소스의 양을 줄이거나
생략해도 돼요.

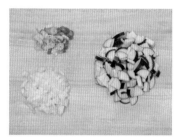

1 가지, 양파, 대파를 모두 잘게 썬다.

2 팬에 식용유를 약간 두르고 다진 마늘과 대파를 중간 불에 볶다가 대파 색이 짙어지면 양파와 다진 소고기를 더해 볶는다.

3 소고기가 익으면 가지도 더하고 굴소스 1 티스푼을 넣고 볶는다.

4 물 또는 육수를 부어 모든 재료가 익을 때까지 끓인다.

5 전분물을 두르고 빠르게 저은 뒤 불을 끄고 밥에 올린다.

새우토마토덮밥

♥ 재료

새우 100g
토마토 1개
애호박 50g
양파 1/4개
육수 100ml
다진 마늘 1티스푼

맛술 1티스푼
굴소스 1티스푼(생략 가능)
전분물(물 2숟가락 + 전분 1티스푼)
올리브유(식용유) 약간

1 양파, 애호박, 토마토를 잘게 다진다. 새우도 작게 썬다.

2 팬에 올리브유 또는 식용유를 약간 두르고 다진 마늘과 양파를 중간 불에 볶는다.

3 양파가 노릇해지면 새우, 토마토, 애호박, 맛술을 더해 볶는다.

4 새우가 거의 다 익으면 육수를 넣고 졸인다. 간을 보고 싱거우면 굴소스를 더한다.

5 육수가 졸아들고 모든 재료가 익으면 전분물을 두르고 빠르게 휘젓는다.

TIP

  * 새우는 생새우를 손질하여 잘게 썰어 쓰거나 새우살 제품을 써도 돼요.
    새우 손질은 20쪽을 참조하세요.
  * 어른은 칠리소스를 더해서 볶아 드세요.

전복덮밥

♥ 재료(아이 1~2끼 분량)

전복 중간 크기 4마리   들기름(참기름) 1티스푼
양파 1/2개   식용유 약간
다진 마늘 1티스푼
맛술 1티스푼(생략 가능)
다진 대파 1숟가락
국간장 1/2티스푼

1 전복을 손질하여 내장과 살을 분리하고 살은 잘게 다진다.

2 팬에 식용유를 약간 두르고 다진 마늘과 다진 양파를 중간 불에 볶는다.

3 전복 내장을 갈거나 잘게 가위질하여 함께 볶는다.

4 전복살과 맛술 1티스푼을 더해 전복이 익을 때까지 볶는다.

간을 보고 국간장 1/2티스푼으로 간하세요.

5 대파를 넣고 볶다가 숨이 죽으면 불을 끄고 들기름(참기름)을 두르고 밥에 곁들인다.

떡, 국수, 파스타 등의 면류를 국물 또는
소스와 함께 조리하는 메뉴는 조리도 쉽고
아이들이 좋아해요. 다만 면 메뉴는
탄수화물 섭취에만 치우칠 수 있으니
채소와 고기 재료를 곁들여 보완해주세요.

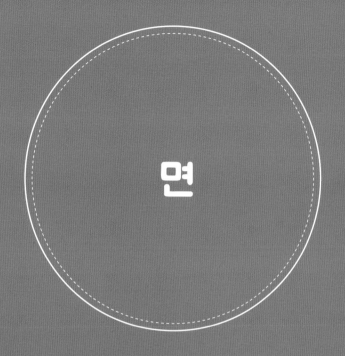

면

국물이나 소스 만들기 + 면 익히기 → 합치기

면 삶는 시간

국수, 파스타 등을 삶는 시간은 제품 포장에 적힌 시간을 따르면 돼요. 그런데 아이가 푹 익은 식감을 좋아한다면 조금 더 오래 삶거나, 불을 끈 채로 약간 불리면 됩니다. 소면, 중면, 칼국수면, 쌀국수는 찬물에 헹구고, 파스타면은 찬물에 헹구지 않아요.

육수 사용

육수를 사용하여 짠맛 양념을 많이 더하지 않고도 맛있는 국물을 만들 수 있어요. 354쪽 멀티 육수 레시피를 참조하여 냉장고에 상비하면 좋아요.

다양한 파스타면

다양한 모양의 면을 활용해 파스타를 만들어보세요.

스파게티, 통밀면, 페투치네, 푸실리, 파르펠레, 펜네, 동물 모양

잔치국수

❤ 재료

소면(또는 중면) 200~250g　　국간장 1티스푼
육수 1.2L　　　　　　　　　식용유 약간
당근 60g
애호박 60g
양파 60g
달걀 2개

1 채소를 채 썬다.

국물 속에서 한 번 더 가열하기 때문에 완전히 익힐 필요 없이 겉만 살짝 볶으면 돼요.

2 팬에 식용유를 약간 두르고 당근과 양파를 중간 불에 먼저 볶다가 애호박을 볶는다.

3 육수를 끓여 2의 채소들을 넣고 익을 때까지 잠시 더 끓인다. 간을 보고 국간장으로 간한다.

4 끓는 물에 면을 넣고 거품이 끓어오르면 찬물 1/2컵을 붓고, 다시 끓어오를 때쯤 불을 끈다. 찬물에 헹궈 건진다.

달걀을 따로 부치는 게 번거롭다면 국물을 끓일 때 달걀물을 풀어도 됩니다.

5 달걀을 얇게 부쳐 채 썬다. 그릇에 국수와 달걀 고명을 담고 국물을 붓는다.

TIP

* 미리 준비된 육수가 없다면 물 1.2L에 멸치 반 줌, 다시마 1조각, 건표고버섯 반 줌 (생략 가능)을 넣고 멸치 육수를 우려주세요.
* 국수면은 쌀국수면을 써도 좋아요.

비빔국수

💜 재료

소면(또는 중면) 200~250g 참기름(들기름) 1티스푼
당근 50g 깨 1티스푼
애호박 50g 식용유 약간
표고버섯 40g
달걀 1개
아이 간장소스 약간

1 당근, 애호박, 버섯을 채 썬다.

2 팬에 식용유를 약간 두르고 중간 불에 당근부터 볶다가 애호박과 버섯을 더해 볶는다.

3 채소가 익으면 팬 한편으로 밀어두고 달걀을 깨서 스크램블하고 불을 끈다.

4 끓는 물에 면을 넣고 거품이 끓어오르면 찬물 1/2컵을 붓고, 다시 끓어오를 때쯤 불을 끈다. 찬물에 헹궈 건진 면을 그릇에 담고 3번의 채소와 달걀 고명을 골고루 올린 뒤 아이 간장소스를 1~2티스푼 둘러준다. 참기름과 깨를 뿌린다.

 TIP

* 아이 간장소스는 350쪽을 참조하세요.
* 표고버섯 대신 팽이버섯이나 느타리버섯을 사용해도 좋아요.
* 다진 소고기를 볶아 올려주면 영양가가 더 풍부해져요.

응용 메뉴

낫또비빔국수
마지막에 낫또만 더 올려주면
낫또비빔국수가 됩니다.

바지락칼국수

♥ 재료
칼국수 건면 200~250g | 대파 15g
(생면은 2.5인분) | 육수 1.2L
바지락 300g(20~30마리) | 국간장 1숟가락
양파 1/4개
애호박 30g
당근 30g

칼국수 국물로
그대로 쓰기 때문에
국물을 버리지
마세요.

1 바지락을 충분히 해감한다(20쪽 해감법 참조).

2 양파, 애호박, 당근은 채 썰고 대파는 어 슷하게 썬다.

3 냄비에 육수를 끓여 바지락이 입을 다 벌 리면 바지락을 건진다.

4 3의 국물에 채소를 넣고 익을 때까지 끓 인다.

5 다른 냄비에 물을 끓여 칼국수면을 삶는 다.

6 다 익은 칼국수면을 건져 4에 넣고 저으 며 잠시 더 끓인다. 국간장 1숟가락으로 간 하고 과정 3에서 건져둔 바지락을 넣는다. 대파를 더해 숨이 죽으면 불을 끈다.

TIP
* 생면을 쓰면 면 식감도 더 좋고 면 삶는 시간이 줄어들어 조리 시간을 단축시킬 수 있어요.
* 어른은 다진 청양고추, 간장, 식초, 고춧가루를 섞은 양념장을 만들어 곁들여 드세요.

검은콩국수

♥ 재료

국수 200g~250g
서리태 1.5컵
검은깨(또는 참깨) 1숟가락
설탕 3티스푼
소금 5꼬집
물 800ml

전날 삶아 냉장고에
넣어두면 시원하게
먹을 수 있어요.

1 서리태를 2시간 이상 불리고 넉넉한 양의
  물에 푹 삶는다.

2 삶은 서리태를 건지고 콩 삶은 물 포함 총
  800ml의 물을 믹서에 붓는다. 검은깨,
  설탕, 소금을 더해 돌린다.

3 끓는 물에 면을 넣고 거품이 끓어오르면
  찬물 1/2컵을 붓고, 다시 끓어오를 때쯤
  불을 끈다.

4 면을 찬물에 헹궈 건지고 각자의 그릇에
  나눠 담는다.

고명으로 채 썬
오이나 토마토를
곁들여도 좋아요.

5 콩국물을 붓는다. 소금과 설탕으로 조금
  씩 간한다.

TIP

국수는 소면, 중면, 쌀국수 등 기호에 따라 사용하세요.

수제비

♥ 재료

밀가루 250g　　　양파 30g
물 150ml　　　　국간장 1숟가락
소금 2꼬집　　　육수 1.2L
감자 1개　　　　참기름 약간
당근 30g
애호박 30g

1 밀가루 250g, 소금 2꼬집에 물 150ml를
　섞어 손에 묻지 않을 때까지 치대며 반죽
　한다.

2 반죽을 랩이나 비닐로 싸서 냉장고에서
　30분 이상 숙성한다.

3 감자, 당근, 양파, 애호박을 잘게 썬다.

4 육수에 감자를 넣고 중간 불에 끓인다.

끓이는 동안
반죽을 꺼내 양손으로
늘리며 얇게 펴두면
좋아요.

5 감자가 다 익으면 나머지 채소를 넣고 끓
　인다.

어른은 다진 청양고추,
간장, 식초, 고춧가루를
섞은 양념장을 만들어
곁들여 드세요.

6 반죽을 먹기 좋은 크기로 떼어 넣고 반죽
　이 익을 때까지 끓인다. 국간장으로 간하
　고, 기호에 따라 먹기 전에 참기름을 두
　른다.

TIP

　* 온 가족이 다 같이 먹지 못할 경우는 반죽을
　　일부만 쓰고 다시 냉장보관했다가 한 번 더
　　조리해도 좋아요.
　* 수제비에 쓰는 밀가루는 중력분이나 강력분
　　이 좋아요. 통밀가루도 가능해요.

응용 메뉴

소고기수제비
다진 소고기를 따로 볶거나 곧바로 수제비
과정 5에서 넣어 끓이면 영양가가 더 좋은
메뉴가 돼요.

해물볶음우동

♥ 재료

우동면 2팩(200g)
각종 해물 200~250g
숙주나물 150g
양파 1/4개
대파 10g
버섯 20g
파프리카 10g

맛술 1티스푼(생략 가능)
굴소스 1티스푼
액젓 1티스푼
다진 마늘 1티스푼
들기름(참기름) 1숟가락
식용유 약간

1 양파, 버섯, 대파, 파프리카를 채 썬다.

2 숙주나물과 해물은 잘 씻어서 준비한다. 덩어리가 큰 해물은 잘게 썬다.

3 끓는 물에 우동면을 데치고, 찬물에 헹궈 물기를 뺀다.

4 팬에 식용유를 약간 두르고 다진 마늘과 대파를 중간 불에 볶다가 양파도 함께 볶는다.

5 양파가 익으면 버섯, 파프리카, 해물, 맛술을 넣고 볶다가 모두 익으면 숙주를 넣고 볶는다.

6 숙주 숨이 죽으면 우동면을 넣고 고루 섞이도록 볶는다. 굴소스와 액젓으로 간한다. 불을 끄고 들기름(참기름)을 둘러 섞는다.

TIP

해물은 오징어, 새우, 홍합, 모듬 해물 등 취향에 맞게 사용하세요.

만둣국

♥ 재료

냉동만두 400~500g   달걀 1개
당근 30g   국간장 1티스푼(생략 가능)
애호박 30g   육수 1L
양파 30g
버섯 15g
대파 10g

1 채소를 먹기 좋은 크기로 썬다. 대파는 얇고 어슷하게 썬다.

2 육수를 끓여 잘게 썬 당근과 양파를 넣고 끓인다.

만두가 짤 수 있으니 간장은 먹으면서 넣어도 돼요.

3 양파가 반투명해지면 애호박과 버섯, 만두를 넣고 만두가 다 익을 때까지 끓인다. 국간장으로 간한다.

4 미리 풀어둔 달걀물을 두른 뒤 대파를 넣고 달걀이 익으면 불을 끈다.

TIP
만두에 이미 다양한 채소가 들어 있으므로 모든 채소를 다 갖추지 않아도 돼요.

소고기떡국

♥ 재료

떡국떡 300~350g 다진 마늘 1티스푼
육수 1L 국간장 1숟가락
다진 소고기 150g 참기름 1숟가락
달걀 1개 김가루 1/2컵(생략 가능)
애호박 50g 식용유 약간
당근 50g
대파 20g

떡집에서 막 사온 떡은 살짝 헹구기만 해도 돼요.

1 떡을 물에 10분 정도 담가둔다.

2 애호박과 당근은 채 썰고 대파는 얇게 어 숫하게 썬다.

3 냄비에 식용유를 약간 두르고 다진 마늘, 소고기를 중간 불에 볶는다.

조미 김가루를 뿌려 먹을 경우 간장의 양을 줄이세요.

4 3에 육수를 붓고 끓이다가 끓어오르면 떡과 채소를 넣고 계속 끓인다. 국간장으로 간한다.

달걀물 대신 지단을 부쳐서 올리면 국물이 맑은 떡국이 돼요.

5 당근이 익으면 대파를 넣고 미리 풀어둔 달걀물을 두르고 달걀이 익으면 불을 끈다. 기호에 따라 김가루와 참기름을 뿌려 먹는다.

떡볶이

♥ 재료

떡볶이떡 300~350g	다진 마늘 1티스푼
다진 소고기(또는 돼지고기) 120g	육수(또는 물) 100ml
양파 40g	간장 1숟가락
양배추 40g	조청 1티스푼
버섯 40g	들기름(참기름) 1숟가락
당근 30g	깨 1숟가락
파프리카 15g(생략 가능)	식용유 약간

떡집에서 막 사온 떡은 살짝 헹구기만 해도 돼요. 냉동 떡은 해동될 때까지 담가 두세요.

1 떡을 하나씩 분리해서 물에 10분 담가둔다.

2 채소 재료를 모두 채 썬다.

3 팬에 식용유를 약간 두르고 다진 마늘과 양파를 중간 불에 볶는다.

4 양파가 투명해지면 당근과 양배추, 소고기를 함께 볶는다.

5 소고기의 핏기가 가시면 떡, 파프리카, 버섯, 간장, 조청, 육수를 넣고 잘 섞으며 볶는다. 떡이 말랑해지면 불을 끄고 들기름과 깨를 뿌리고 섞는다.

TIP

* 채소는 모두 다 갖추지 않아도 돼요.
* 떡은 조랭이떡이나 떡국떡을 써도 좋아요.

잡채

♥ 재료

당면 150g   간장 3티스푼
돼지고기(잡채용) 150g   맛술 1티스푼(생략 가능)
양파 50g   올리고당 1티스푼
시금치 50g   들기름(참기름) 2숟가락
당근 40g   깨 1숟가락
버섯 40g   식용유 약간

1 돼지고기는 간장 1티스푼, 맛술, 다진 마늘을 버무려 20분 이상 재운다.

2 당면을 끓는 물에 12분 이상 삶아 건져둔다.

3 끓는 물에 시금치를 30초간 데쳐 체에 밭치고 물기를 짠다. 다른 채소들은 모두 채 썬다.

4 팬에 식용유를 약간 두르고 양파와 당근을 중간 불에 볶다가 양파가 투명해지면 고기를 더해 볶는다.

5 고기가 익으면 시금치와 버섯을 더하고 소금 1꼬집을 뿌려 볶는다.

6 당면을 넣고 간장 2티스푼과 올리고당을 뿌려 약한 불에 볶는다.

7 양념이 고루 잘 섞이면 불을 끄고 들기름과 깨를 뿌려 섞는다.

토마토파스타

♥ 재료

파스타면 200~250g   소금 2~3꼬집
토마토소스 5숟가락   올리브유 약간
다진 소고기 150g   아기치즈 또는 파르메산치즈 약간
양파 1/2개
버섯 70g(생략 가능)
다진 마늘 1티스푼

면수는 버리지 마세요.
국수와 달리 파스타면은
찬물에 헹구지 않아요.

1 끓는 물에 소금 1티스푼을 넣고 파스타면을 삶는다. 다 삶아지면 파스타면만 건져둔다.

2 양파와 버섯을 다진다.

3 팬에 올리브유를 두르고 다진 마늘과 양파를 중간 불에 볶다가 양파가 반투명해지면 다진 소고기를 볶는다.

아기치즈를
잘라 올려 녹여주거나
파르메산치즈를 뿌려
먹어요.

4 소고기 표면이 익으면 버섯과 토마토소스 5숟가락을 더해서 약한 불에 볶는다.

5 면수 200ml를 붓고 모든 재료가 익을 때까지 끓인다.

6 삶은 파스타면을 팬에 넣고 잘 버무리면서 볶는다. 간을 보고 기호에 따라 소금으로 간한 뒤 소스가 파스타면에 고루 배면 불을 끈다.

 TIP

여기서는 시판 토마토소스를 활용했습니다. 345쪽의 토마토소스를 쓸 경우 완성된 소스 분량을 모두 써도 돼요. 양파와 다진 소고기가 들어가므로 과정 2~3을 생략하고 소스를 바로 팬에 볶은 뒤 면을 버무립니다.

 응용 메뉴

오븐스파게티
토마토 스파게티를 오븐용기에 넣고 위에 피자치즈를 올려 에어프라이어(160℃ 7분) 또는 오븐(180℃ 10분)에 돌리면 맛있는 오븐스파게티가 됩니다.

버섯들깨 크림파스타

♥ 재료

파스타면 200~250g
버섯 100g
양파 80g
육수 200ml
우유(또는 두유) 300ml
들깨가루 2~3숟가락

아기치즈 2장
소금 약간
후추 1꼬집(생략 가능)
굴소스 1티스푼
올리브유 약간

1 끓는 물에 소금 1티스푼을 넣고 파스타면을 삶는다.

2 버섯과 양파를 다진다. 버섯의 일부는 남겨서 슬라이스해 둔다.

3 팬에 올리브유를 약간 두르고 버섯과 양파를 중간 불에 노릇하게 볶는다.

4 3에 육수와 우유를 붓고 저어주다가 끓어오르면 약한 불로 줄인다.

5 아기치즈 2장을 녹이고 따로 남겨두었던 버섯도 넣어 익힌다. 소금 3꼬집과 굴소스를 섞는다.

6 삶은 파스타면을 넣고 소스가 면에 스며들도록 섞어가며 약한 불에서 볶는다.

7 들깨가루를 뿌려 섞고, 국물이 졸아들면 불을 끈다. 기호에 따라 후추를 뿌린다.

TIP

크림파스타는 싱거우면 느끼해서 다른 메뉴보다 짭짤해야 맛있어요.
어른은 파르메산치즈를 더해 드세요.

페스토파스타

♥ 재료
파스타면 200~250g
페스토소스 120ml(346쪽 시금치페스토소스 참조)
파르메산치즈 약간
소금 약간

1 끓는 물에 소금 1티스푼을 넣고 파스타면을 삶는다. 다 삶아지면 파스타면만 건져둔다.

너무 되직하면 과정 1의 면수를 더해주세요.

2 팬에 페스토소스를 약한 불에 볶다가 삶아진 파스타면을 함께 버무리듯 섞는다.

3 파스타면에 소스가 고루 묻으면 불을 끈다. 기호에 따라 파르메산치즈를 뿌린다.

TIP
시판 페스토소스를 사용할 경우 염도가 높기 때문에 양을 조금 줄여서 사용하세요.

봉골레파스타

♥ 재료

파스타면 200~250g　　소금 약간
바지락 400g　　　　　후추 약간(생략 가능)
물(또는 육수) 500ml　파르메산치즈 약간(생략 가능)
마늘 6~7톨
액젓 1티스푼
올리브유 충분히

1 끓는 물에 소금 1티스푼을 넣고 파스타면을 삶는다. 다 삶아지면 파스타면만 건져 둔다.

2 마늘은 뿌리쪽을 잘라내고 편으로 썬다.

바지락 해감은 20쪽을 참조하세요.

3 물 또는 육수를 끓여 해감한 바지락을 입을 벌릴 때까지만 살짝 데친다.

4 바지락만 건져두고 국물은 버리지 않는다.

5 팬에 올리브유를 충분히 두르고 중간 불에 마늘을 볶는다.

6 마늘이 노릇해지면 바지락을 넣고 함께 볶다가 4의 국물을 더한다. 소금과 액젓으로 간한다.

7 파스타 면을 넣고 국물이 잘 배도록 섞어준 뒤 불을 끈다. 기호에 따라 파르메산치즈, 파슬리, 후추를 곁들인다.

TIP

* 보통 봉골레파스타는 모시조개로 하지만 여기서는 쉽게 구할 수 있는 바지락을 사용했어요.
* 어른은 청양고추나 페페론치노 고추를 더하고 파르메산치즈를 듬뿍 뿌려 드세요.

87

명란시금치 파스타

♥ 재료

파스타면 200~250g　　소금 약간
시금치 120g　　　　　후추 약간(생략 가능)
명란 1~2덩이
마늘 7~8톨
올리브유 충분히
대파 20g(생략 가능)

> 명란은 짠맛이 너무 강하기 때문에 미리 칼집을 내어 찬물에 담가 짠맛을 조금 빼면 좋아요.

1 끓는 물에 소금 1티스푼을 넣고 면을 삶는다. 끓기 시작하면 면수를 3국자 덜어둔다.

2 시금치는 끓는 물에 20초 데치고 물기를 짜서 준비하고, 대파는 어슷하게 썬다.

3 명란은 가운데 칼집을 내어 숟가락으로 알만 긁어낸다.

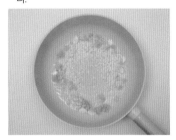

4 팬에 올리브유를 충분히 두르고 편으로 썬 마늘을 중간 불에 볶다가 노릇해지면 명란과 덜어 두었던 면수를 더해 끓인다.

5 삶아서 건진 파스타면과 명란을 넣고 버무리듯 함께 볶는다.

6 대파와 시금치를 넣고 고루 섞이면 불을 끈다. 후추를 1꼬집 뿌린다.

> **TIP**
> * 명란만으로도 짭짤하지만 어른은 파르메산치즈를 뿌려 먹으면 더 맛있어요.
> * 달걀노른자를 곁들이면 맛이 더 풍부해집니다.

짬뽕파스타

♥ 재료

파스타면 200~250g	버섯 30g
새우 100g	마늘 4톨
오징어 100g	국간장 1티스푼
양파 60g	육수 500ml
애호박 40g	식용유 충분히
당근 40g	소금 1티스푼
대파 40g	

1 끓는 물에 소금 1티스푼을 넣고 면을 삶는다.

손질법은 20~21쪽을 참고하세요.

2 오징어와 새우는 각각 손질하여 잘게 썬다.

3 채소 재료를 채 썰거나 작게 썬다. 마늘은 편으로 얇게 썬다.

4 팬에 식용유를 충분히 두르고 대파를 중간 불에 볶는다.

해물 비린내가 나면 맛술 1숟가락을 뿌려주세요.

5 대파 색이 선명해지면 편마늘, 채 썬 채소, 해물을 넣고 볶는다.

6 육수를 붓고 끓으면 삶아진 면을 넣고 면이 불기 전에 불을 끈다. 간을 보고 국간장으로 간한다.

TIP
아이 몫은 덜어두고 어른은 청양고추나 페페론치노를 추가하면
시원한 국물을 즐길 수 있어요.

CHAPTER 2

밥과 죽

한국인은 밥심이지요.
쌀에 다른 재료를 섞어 쉽게 짓는 영양밥과
쌀밥을 활용해 쉽게 끓이는 죽을 소개합니다.

쌀밥과 잡곡밥만 하고 있다면
가끔은 영양밥으로 변화를 주세요.
아주 쉽게 근사한 밥을 지어낼 수 있어요.

영양밥

쌀 씻기 → 물 양 맞추기 → 재료 추가하기 → 취사

쌀과 물 계량하기

가장 중요한 쌀과 물의 계량은 컵과 g수를 함께 적었습니다. 각 가정에서 사용하는 쌀 컵 용량이 조금씩 다를 수는 있으나 중요한 것은 쌀과 물의 비율이므로 같은 컵으로 쌀과 물을 모두 계량한다면 중량은 신경쓰지 않아도 됩니다. 쌀을 썻은 뒤 물을 최대한 따라 버리고 물을 계량대로 붓는 것이 정확해요. 또는 평소 사용하던 쌀 컵으로 쌀을 계량하고 물 양은 전기밥솥 내솥에 표시된 눈금을 활용해도 됩니다.

쌀의 중량은 불리기 전 중량이며, 쌀을 불려야 할 경우 레시피에 설명하고 있으므로 특별한 언급이 없는 경우에는 쌀을 씻어서 바로 밥을 안치면 됩니다.

전기밥솥 사용

이 책의 모든 밥짓기는 전기밥솥으로 합니다. 냄비나 무쇠솥에 밥을 지을 경우 물 양을 조금 더 늘려주세요.

취사 후 바로 드세요!

대부분의 영양밥은 보온 상태로 보관할 경우 색이 변하고 식감이 떨어집니다. 바로 먹거나 식혀서 냉동하는 것이 좋아요.

무밥

♥ 재료
쌀 2컵(300g)
물 1.5컵(270ml)
무 200g
다시마 2조각

밥솥에서 푹 익으므로 너무 잘게 썰지 않아도 돼요.

너무 거칠게 저으면 무가 다 물러져 진밥이 되므로 살살 섞어주세요.

1 무는 사방 1cm 내외로 깍둑썰기하거나 채 썬다.

2 밥솥에 씻은 쌀과 물을 넣고, 무와 다시마 2조각을 올려 30분 정도 두었다가 백미 모드로 취사한다.

3 취사 완료된 밥을 가볍게 섞어준다.

TIP

* 표고버섯과도 아주 잘 어울려요. 물 양 변화 없이 표고버섯을 소량 추가해도 좋습니다.
* 어른은 간장 2숟가락, 참기름(들기름) 1숟가락, 고춧가루 1숟가락, 올리고당 1티스푼, 다진 대파 1숟가락, 물 1숟가락을 섞어 만든 양념장을 곁들여 드세요.

♥ 재료
쌀 2컵(300g)
물 2컵(360ml)
고구마 1~2개 (160~200g)

고구마밥

고구마는 취사 중에
푹 익기 때문에
너무 잘게
썰지 않아도 돼요.

1 고구마를 깍둑썰기를 한다.

2 밥솥에 씻은 쌀과 물을 넣고, 고구마를 넣고 백미 모드로 취사한다.

3 취사 완료된 밥을 잘 섞어준다.

♥ 재료
쌀 2컵(300g)
물 1.8컵(320ml)
버섯 70~90g
다시마 1조각

버섯밥

1 밥솥에 씻은 쌀과 물을 넣고, 잘게 썬 버섯과 다시마를 넣어 백미 모드로 취사한다.

2 취사 완료된 밥을 잘 섞어준다.

TIP
흔히 구할 수 있는 새송이버섯, 느타리버섯, 표고버섯 등 다양한 버섯을 쓸 수 있지만 표고버섯이 가장 향이 좋아요.

소고기콩나물밥

💛 재료
쌀 2컵(300g)   맛술 1숟가락(생략 가능)
물 1.4컵(250ml)   식용유 약간
콩나물 150g   들기름(참기름) 1숟가락
다진 소고기 120g
양파 1/3개(생략 가능)
다진 마늘 1티스푼

1 콩나물은 잘 씻어 먹기 좋은 크기로 썰어
둔다. 양파는 잘게 다진다.

해동 육은
맛술 1숟가락을 넣고
볶으면 잡내를 줄일 수
있어요.

2 팬에 식용유를 약간 두르고 다진 마늘과
다진 양파를 중간 불에 볶다가 다진 소고
기를 추가하여 핏기가 가실 때까지만 볶
는다.

3 밥솥에 씻은 쌀과 물을 넣고, 콩나물과 2
를 더해 백미 모드로 취사한다.

4 취사가 완료되면 들기름(참기름)을 둘러
섞어준다.

당근밥

♥ 재료
쌀 2컵(300g)
물 2컵(360ml)
다진 당근 100~150g
들기름(참기름) 1숟가락

냉동 큐브를 사용해도 좋아요.

TIP
참기름이나 들기름은 고온에서 가열하면 좋지 않아 취사 후에 섞어줍니다. 당근은 기름과 함께 섭취하면 베타카로틴의 흡수율이 높아지니 꼭 함께 드세요.

1 밥솥에 씻은 쌀과 물을 넣고, 다진 당근을 넣어 백미 모드로 취사한다.

2 취사가 완료되면 들기름(참기름)을 둘러 섞어준다.

자투리채소밥

♥ 재료
쌀 2컵(300g)
물 1.6컵(280ml)
다진 채소 100~150g
들기름(참기름) 1숟가락

유부초밥이나 김밥용 밥으로 활용해도 좋아요.

TIP
* 파프리카, 브로콜리, 양파, 당근, 애호박, 양배추 등 집에 있는 단단한 채소를 다져서 자유롭게 활용해주세요.
* 여기서는 냉동해둔 채소 큐브를 활용했습니다.

1 밥솥에 씻은 쌀과 물을 넣고, 다진 채소를 얹어 한 번 섞어준 뒤 백미 모드로 취사한다.

2 취사가 완료된 밥을 가볍게 섞는다. 기호에 따라 들기름이나 참기름을 둘러 섞어준다.

옥수수밥

♥ 재료
쌀 2컵(300g)
물 2컵(360ml)
옥수수 2개

1 옥수수 껍질을 벗기고, 수염은 물에 흔들어 씻어 뜨거운 물 2컵에 담가 옥수수 수염물을 만든다.

2 옥수수는 칼로 알 부분을 세로로 썰어 분리한다.

3 쌀을 씻어 1을 붓고 옥수수를 넣어 백미 모드로 취사한다.

4 취사가 완료되면 가볍게 섞어준다.

TIP

* 옥수수를 구하기 어려운 계절에는 통조림 또는 병조림 옥수수를 사용하세요.
  한 번 헹구고 체에 밭쳐 물기를 빼서 1컵 정도를 사용하고, 물 양은 10% 줄여주세요.
* 과정 1은 조금 더 구수한 맛을 내기 위한 방법이에요. 옥수수수염차, 둥굴레차, 보리차 등을 활용해도 좋아요.

콩밥

💜 재료
쌀 2컵(300g)
물 2컵(360ml)
콩 1/2컵(60g)

밤 동안에 불려 아침에 취사하면 좋아요.

1 콩 1/2컵을 3시간 이상 불린다.

2 밥솥에 씻은 쌀과 물을 넣고 콩을 섞어 백미 모드로 취사한다.

3 취사 완료된 밥을 가볍게 섞는다.

TIP

콩은 병아리콩, 강낭콩, 쥐눈이콩, 완두콩, 서리태콩 등 다양한 콩을 활용해보세요.
여기서는 서리태콩을 사용했습니다. 완두콩은 불리지 않아도 됩니다.

곤드레나물밥

💙 재료
쌀 2컵(300g)
물 2컵(360g)
건곤드레나물 15g
다시마 2조각

TIP
어른은 양념장(94쪽 팁 참조)을 곁들여 드세요.

1 건곤드레나물을 충분한 양의 물에 10분 간 삶고, 손가락 마디 정도 길이로 자른 다.

2 밥솥에 씻은 쌀과 물을 넣고, 1과 다시마 2조각을 넣어 백미 모드로 취사한다.

3 취사 완료된 밥을 잘 섞는다.

톳밥

💙 재료
쌀 2컵(300g)
물 2컵(360ml)
톳(생톳 기준) 50g

TIP
염장톳의 경우 물에 3시간 이상 담가 염분을 빼주세요.

1 톳을 물에 흔들어서 씻고 끓는 물에 1분 데 친 뒤 잘게 썬다.

2 밥솥에 씻은 쌀과 물을 넣고, 톳을 올려 백미 모드로 취사한다.

3 취사 완료된 밥을 잘 섞는다.

약밥

♥ 재료
찹쌀(멥쌀) 2컵(300g) 조청 2숟가락(생략 가능)
물 1.6컵(290ml) 참기름 2숟가락
밤 50g(깐 밤 기준)
잣 10g
건대추 3~4개(15g)
간장 2숟가락

1 씻은 찹쌀과 물을 밥솥에 넣고 30분간 둔다.

2 대추는 씨를 빼내고 밤과 함께 잘게 썰어 준비한다.

3 간장, 조청, 밤, 대추, 잣을 밥솥에 섞고 백미 모드로 취사한다.

4 취사 완료 후 참기름 2숟가락을 둘러 잘 섞어준다.

TIP

* 조청은 동량의 올리고당으로 대체할 수 있어요. 대추나 밤에도 단맛이 있어 조청을 넣지 않거나 줄여도 은은한 단맛의 약밥이 됩니다. 간한 음식을 먹은 지 얼마 안 된 아이라면 간장의 양을 줄여도 돼요.

* 찹쌀이 없다면 멥쌀로도 가능해요. 멥쌀의 경우는 물을 정량으로 맞춰주세요.

* 남는 약밥은 모양틀에 채우거나 작게 뭉쳐 랩으로 감싼 뒤 지퍼백에 넣고 냉동하세요. 다시 꺼내 먹을 땐 보온밥솥에 잠시 두면 촉촉한 식감으로 돌아와요.

유명한 죽 레시피들을 보면 생쌀을 볶다가
나중에 물을 더하는 식으로 만들지만
여기서는 이미 지어놓은 밥으로
간편하게 죽을 만듭니다.
아프거나 기운이 없을 때
죽 한 그릇을 끓여 드세요.

죽
누룽지

베이스 만들기 → 밥 풀어 저으면서 약한 불에 끓이기

죽 질감 조절하기

수록된 레시피는 대부분 되직한 죽입니다. 가족이 묽은 죽을 더 좋아한다면 물이나 육수를 넉넉히 넣어 끓여주세요.

누룽지 활용

밥 대신 누룽지를 불려서 하면 좀 더 고소한 죽을 만들 수 있어요. 특히 아이가 아프거나 입맛이 없어 쌀죽을 거부할 때 누룽지를 활용해보세요.

오트밀 활용

서양식 죽인 오트밀 포리지는 귀리를 압착하여 볶은 오트밀을 우유에 끓이는 메뉴입니다. 다양한 재료를 활용하여 응용하면 영양가가 충분한 한 끼 식사가 됩니다. 오트밀은 입자가 굵은 스틸컷, 납작하게 누른 롤드오트, 그리고 아주 얇게 압착된 퀵오트로 분류됩니다. 입자가 작을수록 영양소와 조리 시간이 줄어듭니다.

채소달걀죽

♥ 재료

밥 1.5공기(300g)
육수 500ml(354쪽 참조)
각종 채소 150g
달걀 2개
국간장 1/2티스푼(생략 가능)
식용유 약간
참기름 1숟가락(생략 가능)

TIP

* 당근, 양파, 애호박, 브로콜리, 버섯 등
  냉장고의 채소들을 다져서 활용해주세요.
* 육수가 없다면 물을 사용해도 괜찮아요.

바닥에 눌어붙지
않게 계속
저어주세요.

입맛에 따라
국간장으로 간하고
참기름을
둘러주세요.

1 팬 또는 냄비에 식용유를 약간 두르고 다진 채소를 중간 불에 겉만 살짝 익게 볶는다.

2 육수를 붓고 밥을 풀어준다. 약한 불에서 끓인다.

3 밥알의 질감이 적당히 부드러워지면 달걀을 풀어 두르고 저어준다.

오트밀포리지

♥ 재료(아이 2끼 분량)

오트밀 40g
우유 150ml
과일 퓌레(잼) 2~3숟가락
호두(또는 기타 견과류)
1숟가락(생략 가능)
시나몬가루 1꼬집
(생략 가능)

TIP

* 퓌레는 시판 제품을 사용하거나 사과를
  직접 갈아 졸인 것을 사용합니다. 여기서
  는 사과 퓌레를 사용했습니다. 342쪽 배
  퓌레를 활용해도 좋아요.
* 오트밀은 입자가 가장 얇고 작은 퀵오트
  를 사용했습니다. 롤드오트도 좋아요.
* 바나나, 복숭아, 망고 등 다양한 과일로
  응용해보세요. 찐 고구마, 찐 단호박 등도
  오트밀과 잘 어울리는 재료입니다.
* 미리 졸여 준비한 퓌레가 없으면 과일을
  갈거나 으깨어 바로 넣어도 됩니다. 퓌레
  를 넣은 것보다는 덜 달아요.

기호에 따라
으깬 견과류나
시나몬가루를 1꼬집
섞어보세요.

1 우유를 냄비에 붓고 오트밀을 섞어 약한 불에 끓인다.

2 끓어오르면 과일 퓌레를 섞어 먹기 좋은 식감이 될 때까지 약한 불에서 저으면서 끓인다.

전복죽

♥ 재료

전복(중간 크기) 3~5마리   물 500ml
쌀밥(또는 찹쌀밥) 1.5공기(300g)   식용유 약간
다진 마늘 1숟가락
맛술 1숟가락(생략 가능)
국간장 1티스푼
참기름 1숟가락

전복 손질은
20쪽을
참조하세요.

1 전복을 손질하여 내장과 살을 분리하고, 살은 잘게 다져둔다.

2 냄비에 식용유를 약간 두르고 전복 내장, 다진 마늘, 맛술을 약한 불에 볶는다.

3 밥을 넣고 잘 섞으면서 함께 볶는다.

4 물을 붓고 중간 불로 올려 끓이다가 보글보글 올라오면 다진 전복과 국간장을 넣는다.

5 약한 불로 줄여 저으며 끓이다가 밥이 적당히 퍼지면 불을 끄고 참기름 1숟가락을 둘러 섞는다.

단호박죽

💛 재료

단호박 1/2통
(300~350g)
쌀밥(또는 찹쌀밥) 1공기
(200g)
물 400ml
조청 1티스푼(생략 가능)
소금 2꼬집(생략 가능)

TIP

너무 뻑뻑하면 물을 조금씩 추가하며 끓이세요. 고운 단호박죽을 원하면 1에서 밥과 물을 모두 넣고 간 뒤 냄비에 옮기세요.

단호박 껍질은 영양가가 풍부해요. 다 벗겨내지 않아도 됩니다.

1 단호박 1/2통을 전자레인지에 4분 찌고 씨를 제거하여 물 200ml와 함께 믹서에 간다.

2 1을 냄비로 옮기고 밥 1공기와 물 200ml를 넣고 잘 섞는다.

3 냄비 바닥에 눌어붙지 않도록 약한 불에서 저으며 밥의 입자가 기호에 맞게 부드러워질 때까지 끓인다.

흑임자 (검은깨)죽

💛 재료

검은깨 + 견과류 1컵
밥 1.5공기(300g)
물 500ml
조청(또는 올리고당) 3숟가락
소금 3꼬집

TIP

검은깨와 견과류를 합쳐서 1컵 준비하는데, 비율을 1:2로 하면 좋아요.

깨는 잔열로도 타버릴 수 있으니 바로 믹서에 옮겨주세요.

1 검은깨와 견과류를 마른 팬에 약한 불로 볶는다. 고소한 냄새가 올라오면 불을 끈다.

2 믹서에 1과 밥, 물을 넣고 곱게 간 후 냄비로 옮긴다.

불을 끄기 전에 간을 보고 기호에 따라 단맛이나 짠맛을 더해주세요.

3 약한 불로 끓이다가 보글보글 끓으면 조청과 소금을 넣고 잘 섞는다.

팥죽

♥ 재료

팥 1.5컵(건조 기준, 190g)
조청(또는 올리고당) 4숟가락
소금 1티스푼
물 1L

<새알심>
쌀가루 100g
소금 2꼬집
설탕 1티스푼
물 60ml

1 냄비에 물을 끓여 팥을 10분 끓인다.

2 팥만 체에 밭쳐 물을 버리고 밥솥으로 옮겨 물 500ml를 더해 백미 모드로 취사한다.

3 취사할 동안 새알심을 만든다. 쌀가루, 소금, 설탕을 잘 섞고 물을 조금씩 넣으며 손에 묻지 않을 때까지 반죽한다.

4 작고 동그란 모양으로 빚어 끓는 물에 넣고 동동 떠오르면 2분 정도 더 삶고 건진다.

5 취사 완료된 팥과 물 500ml를 믹서에 부어 곱게 간 뒤, 냄비로 옮겨 약한 불에 저어가며 끓인다.

6 조청 4숟가락과 소금 1티스푼으로 간하고, 만들어둔 새알심을 넣은 뒤 불을 끈다.

TIP

* 새알심을 쓰지 않고 팥죽만 먹어도 좋고, 밥을 조금 섞어서 끓여 입자가 있는 팥죽으로 먹어도 맛있어요. 삶은 칼국수면을 넣어도 좋아요.
* 어른 입맛에 맞추려면 1.5~2배 더 간을 해야 합니다.

새우채소누룽지

♥ 재료

누룽지 180g
물 4~5컵(720ml 내외)
새우살 120g
다진채소 100g
새우젓 1티스푼
국간장 1티스푼
들기름(참기름) 1숟가락

1 누룽지에 물 4컵을 붓고 30분 이상 불린
다.

2 채소는 다지고, 잘 씻은 새우는 먹기 좋은
크기로 썬다.

3 불린 누룽지와 다진 채소를 함께 중간 불
에 끓인다. 끓어오르면 약한 불로 줄여 저
어가며 끓인다.

새우젓과 국간장 중
하나만 넣어도 돼요.
간을 보고 양을
조절하세요.

4 채소가 익으면 새우를 넣고 계속 저어가
며 끓인다. 새우젓과 국간장으로 간한다.

5 모든 재료가 익고 먹기 좋은 질감이 되면
불을 끄고 들기름(참기름)을 두른다.

TIP

* 다진 채소는 양파, 당근, 파프리카, 애호박, 양배추 등 단단한 채소를 다양하게 사용하세요.

* 묽은 죽 질감을 좋아하면 끓이면서 물을 1~2컵 추가하고 간을 맞춰주세요.

오리누룽지

♥ 재료

누룽지 180g 간장 1티스푼
오리고기 150~200g 물 4~5컵
다진 채소 40g
다진 마늘 1티스푼
다진 대파 1숟가락
맛술 1티스푼(생략 가능)

1 누룽지에 물을 4~5컵 부어 충분히 불린다.

2 오리고기를 볼에 담고 다진 마늘, 간장, 맛술을 버무려 10분간 재워둔다.

오리고기에 기름기가 많아서 식용유는 없어도 되지만 눌어붙는다면 약간만 둘러주세요.

3 2와 다진 채소, 다진 대파를 모두 함께 중간 불에 볶는다.

모든 재료를 함께 넣고 끓여도 되지만 고기와 채소를 볶으면 조금 더 고소하고 맛있어요.

4 누룽지를 전자레인지에 돌리거나 냄비에 끓인다. 그릇에 옮겨 담고 3을 올린다.

TIP
오리고기는 생오리와 훈제오리 모두 좋아요.

CHAPTER 3

국과 수프

한식 식단에 빠지지 않는 국과
양식 식단에 빠지지 않는 수프를 모았습니다.
넉넉히 끓여두면 마음 한편이 왠지 든든하지요.

한국인 밥상에 기본으로 포함되는
된장국과 미역국. 건더기 재료만 바꿔가며
다양한 국을 끓일 수 있어요.

된장국
미역국

된장국

[육수 끓이기] → [된장 풀기] → [재료 넣고 끓이기]

된장은 제품마다 짠맛의 정도가 다르고, 집된장도 맛이 다 다르기 때문에 국에 쓸 양을 표준화하기는 어렵습니다. 유아식 초기에는 된장의 향 정도만 나도록 엷은 농도로 끓이는 것이 좋아요. 아이용을 덜어 놓고, 어른용은 된장을 더해 끓이면 됩니다.
된장을 그냥 넣으면 뭉쳐져 있어서 간을 정확히 볼 수가 없어요. 채망에 걸러 풀거나 국자와 숟가락을 사용하여 잘 풀어주세요.

미역국

[미역 불리기] → [재료와 미역 볶기] → [육수 더해 끓이기]

불린 미역은 한 번 헹궈 먹기 좋게 가위질해주세요. 미역국은 오래 끓일수록 맛이 좋아지기 때문에 식사 직전에 끓이기보다는 시간을 오래 들여 푹 끓이면 더 맛있어요.

기본 된장국

♥ 재료

양파 1/2개
감자 1개
애호박 1/4개
두부 100g
된장 1.5티스푼
육수 700ml
새우가루 1숟가락
(생략 가능)

TIP

* 새우가루는 새우젓 1/2티스푼이나 건새우 1숟가락으로 대체할 수 있어요.
* 어른은 된장을 더 풀고 청양고추를 추가해서 드세요.

1 채소와 두부를 먹기 좋은 크기로 썬다.

2 육수에 된장을 풀고 끓인다.

3 육수가 끓어오르면 감자와 양파를 넣고 푹 끓인다. 감자가 익으면 애호박, 두부, 새우가루를 넣고 모든 재료가 익으면 불을 끈다.

시금치된장국

♥ 재료

시금치 100g
육수 700ml
된장 1.5티스푼
국간장 1티스푼(생략 가능)
다진 마늘 1티스푼

TIP

국간장은 건새우(1숟가락)나 새우가루(1.5티스푼)로 대체하면 감칠맛이 더 좋아요.

1 소금 1티스푼을 풀고 끓는 물에 시금치를 20초 데치고 물기를 짠다.

2 냄비에 육수를 넣고 된장과 다진 마늘을 잘 풀어준다.

> 시금치를 잘라 넣으면 아이가 먹기 좋아요.

3 국물이 끓으면 시금치를 넣고 다시 끓어오를 때까지 조금 더 끓이다가 불을 끈다. 간을 보고 국간장을 더해 준다.

조개쑥갓된장국

💜 재료
조개(껍데기 포함) 400g
쑥갓 40g
육수 700ml
된장 1티스푼
다진 마늘 1티스푼

1 조개는 해감을 하고 잘 씻어 준비한다(20
  쪽 참조).

2 쑥갓은 굵은 줄기 부분을 잘라내고 부드
  러운 부분만 사용한다.

3 냄비에 육수를 붓고 된장과 다진 마늘을
  푼다.

4 국물이 끓어오르면 조개를 넣어 끓인다.

5 조개 입이 다 벌어지면 쑥갓을 넣고 숨이
  죽으면 불을 끈다.

TIP

* 조개는 바지락, 동죽, 모시조개 등 원하는 종류를 사용하세요.
  여기서는 바지락을 사용했습니다.
* 조갯살을 구입했을 경우에는 100~150g을 쓰면 돼요.

소고기배추
된장국

♥ 재료
소고기(불고기용) 100g
배춧잎 5장(약 100g)
육수 700ml
된장 1.5티스푼

1 육수에 된장을 풀어 끓인다.

2 배추와 소고기는 잘게 썰어둔다.

3 국물이 끓으면 배추와 고기를 넣고 끓인다.

4 배추와 고기가 다 익으면 불을 끈다.

TIP
* 소고기는 다짐육을 써도 좋아요.
* 배추 대신 양배추로 끓여도 돼요.

소고기미역국

♥ 재료
건미역 8g
소고기(국거리용) 150g
육수 700ml
다진 마늘 1티스푼
국간장 1티스푼
참기름(또는 들기름) 1티스푼
식용유 약간

1 건미역은 물에 불려 헹구고 잘게 썬다.

2 냄비에 식용유를 조금만 두르고 다진 마늘을 중간 불에 볶다가 불린 미역, 소고기, 국간장을 넣고 볶는다.

3 소고기의 핏기가 가시면 육수를 붓고 중간 불로 끓이다가 보글보글 끓어오르면 약한 불로 줄여 30분 이상 끓인다.

4 불을 끄고 기호에 따라 참기름을 뿌린다.

TIP

* 소고기는 꼭 국거리용이 아니어도 돼요. 기름기가 너무 많은 부위만 아니라면 어떤 고기로 끓여도 맛있어요.
* 미역국은 오래 끓일수록 맛있어요. 식사 시간에 임박해서 끓이기보단 미리 준비하는 게 좋아요.

들깨미역국

♥ 재료
건미역 8g
육수 700ml
국간장 1티스푼
들깨가루 2~3숟가락
들기름 1티스푼
식용유 약간

1 건미역은 물에 불려 헹구고 잘게 썬다.

2 냄비에 식용유를 약간 두르고 미역을 중간 불에서 3분간 저어가며 볶는다.

3 육수를 부어 10분 이상 끓인다. 국간장 1숟가락으로 간한다.

들깨가루는 텁텁하다 느낄 수도 있으니 1숟가락씩 섞으며 양을 조절해주세요.

4 들깨가루를 넣고 잘 섞어준다. 2분 후에 불을 끄고 들기름 1티스푼을 두른다.

닭고기미역국

♥ 재료
건미역 8g
닭고기 250g
육수 700ml
국간장 1티스푼
다진 마늘 1티스푼

1 건미역은 물에 불려 헹구고 잘게 썬다.

2 손질하여 물에 씻은 닭고기를 끓는 물에 2분 정도 데친 후, 닭고기만 건지고 물은 버린다.

3 육수를 끓여 데친 닭고기, 불린 미역, 다진 마늘, 국간장을 넣고 중간 불에서 끓인다.

4 보글보글 끓어오르면 약한 불로 줄여 뚜껑을 닫고 20분 이상 푹 끓인다.

TIP
닭고기는 안심이 담백하고 먹기 편해서 좋지만 뼈가 있는 부위들도 괜찮아요.
여기서는 닭안심과 닭날개를 사용했습니다.

전복미역국

♥ 재료
전복(중간 크기) 3마리(약 200g)
건미역 8g
육수 700ml
다진 마늘 1티스푼
맛술 1숟가락(생략 가능)
국간장 1티스푼
식용유 약간

전복 손질은
20쪽을
참고하세요.

1 건미역을 물에 불려 헹구고 잘게 썬다.

2 전복을 손질하여 내장과 살을 분리하고, 살은 얇게 썰고 내장은 잘게 가위질을 해 둔다.

3 냄비에 식용유를 약간 두르고 다진 마늘, 맛술, 전복 내장을 중간 불에 볶는다.

기호에 따라
참기름이나 들기름을
뿌려 드세요.

4 미역도 더해 볶다가 육수를 붓고 끓인다.

5 20분 이상 끓이다가 전복 살을 넣는다. 국간장으로 간하고 전복이 익으면 불을 끈다.

홍합미역국

♥ 재료
건미역 8g
홍합살 100g
육수 700ml
다진 마늘 1티스푼
맛술 1티스푼(생략 가능)
국간장 1티스푼
식용유 약간

1 건미역은 물에 불려 헹구고 잘게 썰고, 홍합살은 깨끗하게 씻어 준비한다.

2 냄비에 식용유를 약간 두르고 미역과 홍합, 다진 마늘, 맛술, 국간장을 중간 불에 3분간 저어가며 볶는다.

먹기 전에 기호에 따라 들기름이나 참기름을 둘러주세요.

3 육수를 부어 국물이 뽀얗게 될 때까지 약한 불에 충분히 끓인다.

북어미역국

♥ 재료
건미역 8g
황태채 10g
육수 700ml
국간장 1티스푼
다진 마늘 1티스푼
식용유 약간

황태 불린 육수를 버리지 마세요.

1 황태채에 육수 700ml를 부어 20분 이상 불리고 건져 잘게 썬다. 건미역은 물에 불려 헹구고 잘게 썬다.

2 냄비에 식용유를 약간 두르고 다진 마늘, 황태, 미역, 국간장을 중간 불에 3분간 저어가며 볶는다.

먹기 전에 기호에 따라 들기름이나 참기름을 둘러주세요.

3 1에서 황태를 불린 육수를 붓고 국물이 뽀얗게 될 때까지 약한 불에 충분히 끓인다.

한국인의 식탁에 국은 필수로 여겨지지만
국에 밥을 말아 먹는 것이 일상이 되지 않도록 유의하세요.
최대한 싱겁게 끓이고 건더기를 많이 먹도록 해주세요.
이 책에 실린 레시피는 건더기가 많은 국입니다.
가족의 취향에 따라 국물 양을 조절해주세요.

맑은
국·탕

육수 끓이기 → 재료 넣어 익히기 → 간 맞추기

육수 사용

모든 국은 육수를 사용합니다. 354쪽 멀티 육수 레시피를 참조하여 냉장고
에 상비하면 좋아요.

거품은 걷어내야 할까?

국을 끓일 때 생기는 거품은 해로운 것이 아니므로 걷어내지 않아도 되지만
맑고 깔끔한 국물을 원한다면 걷어내세요.

남는 국 활용하기

국이 많이 남았다면, 다음 끼니에는 국수나 우동면을 말아 먹거나 수제비,
떡국을 만들 때 국물로 활용해보세요. 같은 국이라도 전혀 다른 한 끼를 만
들어낼 수 있어요.

소고기뭇국

♥ 재료

소고기(국거리) 150g
무 150~200g
육수 700ml
국간장 1티스푼
다진 마늘 1티스푼
대파 1숟가락
식용유 약간

너무 얇게 썰면
푹 끓이는 동안
녹아버리니 최소 5mm
두께로 썰어주세요.

1 무를 깍둑 모양 또는 나박나박 썬다.

2 냄비에 식용유를 약간 두르고 다진 마늘을 중간 불에 노릇해지도록 볶다가 무와 소고기를 넣고 소고기 표면이 익을 때까지 볶는다.

3 육수와 국간장을 넣고 중간 불에 두었다가 국물이 끓으면 약한 불로 줄여 30분 이상 충분히 끓인다.

4 얇게 썬 대파를 넣고 숨이 죽으면 불을 끈다.

TIP

* 소고기는 꼭 국거리용이 아니어도 돼요. 기름기가 너무 많은 부위만 아니라면 어떤 고기로 끓여도 맛있어요.

* 소고기뭇국은 오래 끓여야 고기가 부드러워지고 무가 푹 익어 맛이 좋아요. 끼니에 임박해서 끓이기보단 미리 준비하는 게 좋아요.

두부달걀국

❤ 재료
두부 120~150g
달걀 1개
애호박 30g
당근 15g
양파 15g
육수 700ml
소금 2~3꼬집(생략 가능)

당근은 애호박보다 얇게 썰어주세요.

1 두부와 모든 채소는 아이가 먹기 좋은 크기로 썬다.

2 냄비에 육수를 넣고 끓어오르면 채소를 모두 넣고 끓인다.

3 다시 끓어오르면 두부를 넣고 모든 재료가 익을 때까지 끓인다. 아이의 입맛에 따라 소금을 넣는다.

4 미리 그릇에 풀어둔 달걀을 냄비에 둘러 풀어주고 달걀이 익으면 불을 끈다.

TIP
두부와 달걀을 기본 재료로 해서 다양하게 응용할 수 있는 국입니다.
버섯이나 다진 고기 등을 추가해보세요.

응용 메뉴

두부달걀국수
소면이나 우동면을 삶아 말아주면 한 그릇
메뉴로도 손색없어요.

콩나물국

♥ 재료

콩나물 150g
육수 700ml
새우젓 1.5티스푼
대파 1숟가락

1 콩나물을 잘 씻어 먹기 좋은 크기로 썬다.

뚜껑을 열었다 닫았다 하면 콩나물 비린내가 나요. 처음부터 끝까지 뚜껑을 열고 끓이는 것이 좋습니다.

2 냄비에 육수 700ml를 끓여 콩나물을 넣고 중간 불로 끓인다.

3 다지거나 얇게 어슷 썬 대파와 새우젓을 넣어 한소끔 끓이고 불을 끈다.

응용 메뉴

콩나물북엇국
콩나물을 넣기 전에 황태를 잘게 썰어 넣고, 두부도 더하면 시원한 콩나물북엇국이 됩니다.

북엇국

❤ 재료

황태채 10g   국간장(또는 새우젓) 1티스푼
무 100g   다진 마늘 1티스푼
두부 100g   식용유 약간
대파 15g   참기름 1숟가락
육수 700ml
달걀 1개

황태채를 불린
육수는
버리지 마세요.

1 육수에 황태채를 20분 이상 불리고 잘게 썬다.

2 무는 가늘게, 대파는 얇게 썰고 두부는 깍 둑썰기를 한다.

3 냄비에 식용유를 약간 두르고 황태와 다 진 마늘을 중간 불에 볶는다.

4 마늘이 노릇해지면 무도 더해 기름을 코 팅하는 느낌으로 볶다가 1에서 황태를 불 린 육수를 부어 끓인다.

5 무가 다 익으면 두부와 대파를 더해 끓인 다. 국간장 또는 새우젓으로 간한다.

6 대파 숨이 죽으면 달걀물을 두른다. 달걀 이 익으면 불을 끈 뒤 참기름을 섞는다.

매생이굴국

♥ 재료

생매생이 150g　　　국간장 1숟가락
굴 100g(생략 가능)　　참기름 1숟가락
무 40g
육수 700ml
다진 마늘 1숟가락
맛술 1티스푼(생략 가능)

물기를 뺀 매생이는 그릇에 옮겨 여러 번 가위질해서 잘게 잘라주세요.

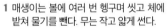

1 매생이는 볼에 여러 번 헹구며 씻고 체에 밭쳐 물기를 뺀다. 무는 작고 얇게 썬다.

2 굴은 굵은 소금 1숟가락을 넣어 흔들어 씻고 여러 번 헹군다.

3 냄비에 육수와 무를 넣고 끓인다.

4 무가 익으면 매생이, 굴, 다진 마늘, 맛술, 국간장을 넣고 끓인다.

5 다시 끓어오르면 5분 이내로 끓이고 불을 끈다. 참기름을 둘러 마무리한다.

TIP

* 건매생이는 15g 정도를 물에 불리면 적당한 양이 됩니다. 굴은 구하기 어려운 철에는 빼고 해도 돼요.
* 매생이국은 겉보기에 안 뜨거워 보여도 안쪽이 많이 뜨거울 수 있으니 아이에게 줄 때 충분히 식혀주세요.

응용 메뉴

매생이굴떡국
과정 4에서 떡국떡을 넣으면 한 그릇 메뉴로도 손색없어요.

오징어뭇국

💜 재료

오징어 1마리 다진 마늘 1티스푼
무 120g 국간장 1티스푼
애호박 30g
대파 2숟가락
쑥갓 조금(생략 가능)
육수 700ml

오징어 손질은
21쪽을
참조하세요.

1 무는 나박나박 썰고, 손질하여 잘 씻은 오
징어도 잘게 썬다.

2 육수에 무를 넣고 끓인다.

3 나머지 채소 재료를 먹기 좋은 크기로 준
비한다.

4 무가 다 익으면 오징어, 애호박, 다진 마
늘을 넣고 끓인다. 간을 보고 국간장으로
간한다.

5 모든 재료가 익으면 쑥갓을 넣고 30초
후에 불을 끈다.

순두부국

♥ 재료

순두부 1봉(300~400g) 육수 500ml
조갯살 100g 새우젓 1티스푼
양파 1/3개 식용유 약간
애호박 1/4개
대파 2숟가락
달걀 1개(생략 가능)

1 모든 채소는 먹기 좋은 크기로 썬다.

2 냄비에 식용유를 약간 두르고 대파를 중간 불에 볶는다.

3 양파를 더해 볶다가 양파가 반투명해지면 애호박을 더해서 볶는다.

4 육수를 부어 끓인다.

너무 많이 저으면 순두부가 다 풀어져 국물이 탁해지므로 살살 저어주세요.

5 애호박이 익으면 조갯살과 순두부를 넣고 순두부가 적당히 풀어지게 섞어준다.

달걀은 미리 그릇에 풀었다가 둘러주어도 좋아요.

6 새우젓으로 간하고 기호에 따라 달걀을 띄우고 조개가 익으면 불을 끈다.

TIP
* 껍데기 있는 조개는 200g 정도를 사용하세요.
* 어른은 국간장을 더하고 고춧가루를 기호에 맞게 풀어 얼큰하게 드세요.

게살달걀수프

♥ 재료

게맛살 4조각
달걀 1개
대파 30g
버섯 30g
육수 550ml
국간장 1티스푼

전분물(물 2숟가락 + 전분가루 1숟가락)
식용유 약간

1 대파, 게맛살, 버섯을 비슷한 길이로 가늘게 채 썬다(24쪽 대파 썰기 참조).

2 게맛살은 뜨거운 물에 5분 이상 담그거나 데쳐 짠맛과 첨가물을 줄인다.

3 팬에 식용유를 약간 두르고 채 썬 대파를 중간 불에 볶는다.

4 대파가 노릇해지면 육수, 게맛살, 버섯을 모두 넣고 끓인다.

5 국간장으로 간한 뒤 달걀을 풀어 둘러준다.

6 전분물을 두르고 빠르게 젓는다.

 TIP

버섯은 팽이버섯, 느타리버섯, 표고버섯이 잘 어울려요.

응용 메뉴

게살달걀덮밥
육수 양을 1/3 정도로 줄이면 덮밥소스가 돼요.
덮밥으로도 즐겨보세요.

어묵탕

♥ 재료

어묵 150~200g   쑥갓 10g
육수 600ml   대파 1숟가락
다시마 1조각   국간장 1티스푼(생략 가능)
무 50g
당근 20g
버섯 20g

1 채소 재료를 얇게 썬다. 어묵도 먹기 좋은
크기로 썰어 준비한다.

2 냄비에 육수를 붓고 다시마, 무, 당근을
먼저 넣고 중간 불에 끓인다.

맛을 보고
국간장으로 간하세요.
어묵의 짠 정도에 따라
국간장의 양을
조절해주세요.

3 무가 다 익으면 어묵, 버섯, 쑥갓을 차례
로 넣고 끓이다가 마지막에 대파를 넣고
잠시 후에 불을 끈다.

TIP

* 여기서는 수제 어묵(210쪽 참조)을 사용했어요. 수제 어묵은 오래 조리하면 흐물거
리고 녹아버리므로 가열 시간을 최소화해주세요.
* 시판 어묵을 사용할 경우 끓는 물에 한 번 데쳐 쓰면 첨가물 섭취를 줄일 수 있어요.

새우탕

♥ 재료

새우 200~300g   육수(또는 물) 700ml
무 120g   국간장(또는 된장) 1티스푼
버섯 30g
쑥갓 15g
다진 마늘 1티스푼
다시마 2조각

1 채소는 먹기 좋은 크기로 썰고, 새우는 잘 씻어둔다.

2 냄비에 육수 또는 물을 붓고 무와 다시마를 넣고 끓인다. 육수가 끓으면 다시마를 건지고 계속 끓인다.

3 무가 익으면 새우와 다진 마늘을 넣는다.

불을 끄기 전에 간을 보고 된장 또는 국간장으로 간해주세요.

4 새우가 익으면 버섯과 쑥갓을 넣고 숨이 죽으면 불을 끈다.

TIP

* 새우는 껍데기를 제거하지 않은 신선한 생새우를 쓰는 것이 국물맛이 좋아요.
* 버섯은 표고버섯, 느타리버섯, 팽이버섯 등을 사용하세요.
* 콩나물이나 숙주나물이 있다면 새우를 넣을 때 1줌 같이 넣어주세요.
  시원한 맛이 더해져요.

샤브샤브

❤ 재료

소고기(샤브샤브용) 200~300g
배추 원하는 만큼
청경채 원하는 만큼
버섯 원하는 만큼
숙주나물 원하는 만큼
무 100g

육수 1~1.5L
국간장 1숟가락

1 육수를 냄비에 부어 끓인다. 국간장 1숟가락을 섞는다.

2 채소를 잘 씻어 먹기 좋은 크기로 썰어 준비한다. 무는 얇게 썬다.

3 육수가 끓어오르면 무부터 넣고 익히다가 다른 채소 재료를 넣는다.

4 채소가 어느 정도 익으면 소고기를 넣고 소고기가 익자마자 건져 채소와 곁들여 먹는다.

 TIP

* 칼국수면이나 밥을 미리 준비해서 국물에 끓여 드세요.
* 어른은 칠리소스나 땅콩소스를 곁들여 드세요.

닭곰탕

♥ 재료

닭 1마리(700g~1kg)
대파 1대
무 150g
양파 1/2개
건조 대추 5~6개
통마늘 7톨

소금 약간
통후추 1티스푼(생략 가능)
물 2L 내외

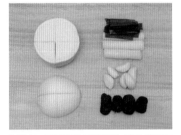

1 채소는 큼직하게 토막 낸다. 닭은 안쪽 부위까지 꼼꼼하게 흐르는 물에 씻는다.

2 냄비에 닭이 잠길 만큼의 물을 붓고 닭, 대파, 무, 양파, 대추, 마늘, 통후추를 모두 넣고 센 불에 가열한다.

3 끓어오르면 약한 불로 줄이고 닭이 푹 익을 때까지 40분~1시간 정도 끓인다.

4 불을 끄고 먹기 좋게 찢은 닭고기살과 국물을 함께 담아낸다. 송송 썬 파를 올려도 좋다. 소금 간이 필요한 아이는 소금 1꼬집을 넣는다.

TIP

* 삼계탕용으로 손질된 닭(내장 제거)을 구입하세요. 닭볶음탕용도 괜찮아요.
* 넉넉하게 국물이 나오면 체에 건더기를 거르고 식혀 소분 보관하세요. 국이나 수프를 끓일 때 유용한 육수가 됩니다.
* 어른은 간장 1숟가락, 식초 1숟가락, 고춧가루 1티스푼, 다진 대파 1티스푼을 섞어 만든 양념장에 고기를 찍어 드세요.

응용 메뉴

닭곰탕국수, 누룽지닭곰탕
국수를 삶아서 닭곰탕을 부으면 따뜻한 국수 한 그릇이, 닭곰탕에 누룽지를 넣고 푹 끓이면 든든한 누룽지죽이 됩니다.

알탕

♥ 재료

명란 2덩이　　　육수 700ml
무 150g　　　　다진 마늘 1숟가락
콩나물 60g　　　맛술 1숟가락(생략 가능)
두부 50g
버섯 40g
대파 15g

1 무와 대파는 얇게 썰고 두부는 깍둑썰기
　를 한다.

2 육수에 무를 넣고 끓인다.

명란은 세로로 길게
칼집을 넣어
안의 염분이 국물로
퍼질 수 있게 해주세요.

3 무가 다 익으면 버섯, 콩나물, 명란을 모
　두 넣고 끓인다. 다진 마늘과 맛술도 섞어
　준다.

4 콩나물이 익으면 두부와 대파를 더해 끓
　이다가 대파 숨이 죽으면 불을 끈다.

TIP

* 유아식 초기의 아이가 먹기엔 간간한 편이에요. 어느 정도 간을 하게 된 가정에
　추천하는 메뉴입니다. 가능하면 저염 명란을 구해서 사용하세요.
* 어른은 청양고추나 고춧가루를 풀어 얼큰하게 드세요. 매운맛을 추가할 땐
　국간장으로 짠맛도 조금 더해주어야 균형이 맞아요.

갈비탕

❤ 재료

갈비 1kg
무 250g
대파 1대
대추 5알
밤 5알
마늘 10톨

다시마 2조각
국간장 2숟가락(생략 가능)
물 2~3L

1 갈비를 잘 씻어 찬물에 30분 이상 담가 핏물을 뺀다.

2 물을 끓여 갈비 표면이 옅은 색이 될 때까지 데친다.

3 갈비를 건져 찬물에 헹군다. 데친 물은 버린다.

4 다시 갈비를 냄비로 옮겨 갈비가 충분히 잠길 만큼 새로 물을 붓고 모든 재료를 넣는다. 물이 끓어오르면 약한 불로 줄여 1시간 반 정도 끓인다.

완전히 식혀서 기름이 하얗게 굳은 후에 걷어내면 쉬워요.

5 표면에 뜨는 기름을 걷어내고, 얇게 썬 대파를 올려 낸다.

TIP

* 여기서는 소갈비를 사용했지만 돼지등뼈, 돼지등갈비 등을 활용할 수도 있어요.
* 끓이는 동안 국간장으로 간할 수도 있고, 먹기 전에 개별적으로 소금을 쳐서 먹어도 됩니다.
* 당면을 데쳐 넣으면 더 맛있게 즐길 수 있어요. 어른은 간장, 식초, 와사비를 섞어 만든 양념장에 고기를 찍어 드세요.

조개탕

♥ 재료
바지락(껍데기 포함) 300~400g
대파(또는 쪽파) 1숟가락
육수 600ml

조개는 너무 오래 익히면 질겨지고 감칠맛도 떨어지므로 입을 벌리면 곧 불을 끕니다.

1 바지락은 해감한 뒤 잘 씻는다(20쪽 참조).

2 냄비에 육수를 끓여 바지락을 넣는다.

3 이물질이 떠오르면 걷어낸다. 바지락이 벌어지면 파를 넣고 불을 끈다.

TIP

* 모시조개, 가리비, 홍합 등으로도 똑같이 끓일 수 있어요. 조개껍데기를 솔로 꼼꼼히 세척해주세요.
* 조개 자체에 짠맛이 있으나 너무 싱겁게 느껴진다면 국간장으로 간해주세요. 어른은 청양고추 1숟가락을 더해 드세요.

응용 메뉴

조개수제비탕
과정 2에서 수제비 반죽을 얇게 떼어 같이 끓이면 조개수제비탕이 됩니다. 수제비 반죽은 78쪽을 참조하세요.

오이미역냉국

♥ 재료

오이 2/3개
건미역 2g
깨 1숟가락

<국물>
물 500ml
매실청 2숟가락
식초 2숟가락
간장 1티스푼
소금 3꼬집

1 미역을 물에 불리고 헹궈 물기를 짠 뒤 먹기 좋게 썬다.

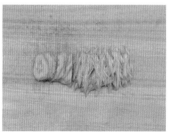

2 오이는 가늘게 채 썬다.

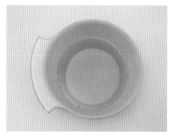

3 볼에 국물재료를 모두 넣고 잘 섞는다.

4 국물에 미역과 오이를 넣고 깨를 으깨면서 뿌려준다.

TIP

맛을 보면서 양념을 가감해주세요. 매실청은 절반 분량의 설탕이나 동량의 올리고당으로 대체 가능해요.

응용 메뉴

오이미역냉면
면을 삶아 찬물에 헹군 뒤 냉국에 말아주면 시원한 오이미역냉면이 돼요.

수프는 빵을 찍어 먹거나 소스처럼 활용하여
면류를 말아 먹기에도 좋지요.
서양의 전통적인 방식에서는 버터와 밀가루를
섞어 만드는 루를 베이스로 수프를 만들지만
조금 더 단순하게 끓이는 수프 레시피도 있으니
다양하게 응용해보세요.

수프

루 사용하여 수프 만들기

재료 볶기 + 루 만들기 → 우유 또는 육수와 함께 곱게 갈기 → 끓이면서 간하기

루 없이 수프 만들기

재료 볶기 → 우유 또는 육수와 함께 믹서에 갈기 → 끓이면서 간하기

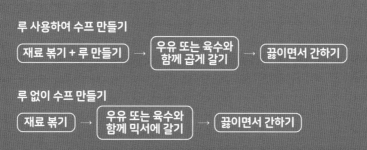

수프 조리 팁

느끼한 것을 좋아하지 않으면 우유의 양을 줄이고 그만큼 물이나 육수로 대체하세요. 수프는 바닥에 금방 눌어붙기 때문에 약한 불에서 끓이면서 주걱으로 계속해서 저어주는 것이 중요해요.

우유는 두유나 생크림으로 대체 가능

우유를 먹지 못하는 아이는 같은 양의 두유로 대체해주세요. 우유 대체용 두유는 당분이 첨가되지 않은 제품으로 구입하세요. 생크림을 사용하면 훨씬 더 풍부하고 고소한 맛의 수프가 됩니다. 그러나 크림은 지방 함량이 매우 높으니 우유와 함께 써서 사용량을 조절해주는 것이 좋아요.

루 만들기

① 동량의 밀가루와 버터를 냄비에서 저으면서 약한 불에서 섞어준다. 3인 분일 경우 30g씩 사용하면 적당하다.

② 입자가 풀어지고 달걀 껍데기 색이 될 때까지 약한 불에서 계속 젓는다.

굳은 수프 살리기

수프는 바로 먹지 않으면 단단하게 굳어 맛이 없어집니다. 팬이나 냄비에 넣고 물을 더해서 잘 풀어준 뒤, 약한 불로 다시 보글보글 끓여주세요.

간 조절

우유가 들어간 요리는 다른 음식과 같은 양의 소금간을 해도 더 싱겁게 느껴집니다. 싱거우면 느끼한 맛이 강하게 느껴지므로 어른 몫에는 소금간을 2~3배 더하거나 치즈로 짠 맛을 더해주세요.

크루통 곁들이기

고운 수프는 그냥 먹기 심심할 수도 있어요. 빵을 토막 내어 오븐이나 마른 팬에 구워 곁들여주면 더 근사한 수프가 됩니다.

크림수프

♥ 재료

밀가루 30g
버터 30g
우유 400~500ml
소금 1/2티스푼
후추 1꼬집

TIP
볶은 양파를 갈아 넣으면 더 맛있어요.

루가 뭉쳐서
풀리지 않는다면
믹서에 돌려도 돼요.

약한 불을
유지해주세요.
센 불에선 밑바닥이
타거나 우유가
뭉칠 수 있어요.

1 냄비에 버터와 밀가루를 넣고 약한 불에 볶는다. 달걀 껍데기 색이 될 때까지 계속 저어 루를 만든다.

2 우유를 조금씩 넣으며 루가 뭉치지 않도록 계속 젓는다.

3 원하는 농도가 될 때까지 우유를 넣으면서 끓인다. 간을 보며 소금을 1꼬집씩 추가한다. 후추도 1꼬집 넣는다.

옥수수수프

♥ 재료

옥수수알 150g
양파 1개
우유 400~500ml
소금 3꼬집
후추 1꼬집
식용유 약간

TIP
통조림이나 병조림 옥수수를 쓸 경우 알맹이만 건져 물에 헹궈주세요. 한 번 데쳐 쓰면 첨가물이 빠져서 더 좋아요.

1 양파를 잘게 썰어 식용유를 약간 두른 팬에 중간 불로 볶다가 양파가 반투명해지면 옥수수를 넣고 함께 볶는다.

2 양파가 노릇해지면 우유 200ml와 함께 믹서에 갈고 다시 팬으로 옮긴다.

3 우유를 조금씩 추가하며 원하는 농도가 될 때까지 약한 불에서 저어가며 끓인다. 간을 보며 소금을 1꼬집씩 추가한다. 후추도 1꼬집 넣는다.

양송이수프

💜 재료

양송이버섯 1팩(약 150g) 올리브유(식용유) 약간
양파 1/2개   소금 2꼬집(생략 가능)
감자 1개   후추 약간(생략 가능)
우유 200~300ml
물(또는 육수) 200ml
버터 10g

감자 익는 데
시간이 많이 걸리므로
얇게 썰면 좋아요.
채 썰어도 좋습니다.

1 양파와 감자는 얇게 썰고, 양송이는 큼직
하게 토막 내 썬다.

2 팬에 버터와 올리브유를 두르고 양파와
감자를 중간 불에 볶는다.

3 감자가 익기 시작하면 양송이를 더해 재
료들이 밝은 갈색이 될 때까지 볶는다.

소금으로 간해도 되고,
파르메산치즈를 곁들여
간을 맞출 수도 있어요.

4 믹서에 3과 물 또는 육수 200ml를 넣고
곱게 갈아 다시 팬으로 옮긴다.

5 우유를 조금씩 추가하며 원하는 농도가
될 때까지 약한 불에서 저어가며 끓인다.

TIP

* 파르메산치즈를 곁들이면 소금은 생략해도 돼요. 올리브유는 식용유로 대체해도 돼요.
* 씹히는 맛을 좋아한다면 양송이를 모두 갈지 않고 몇 개 빼두고 갈거나 작게 자른 빵을
  구운 크루통을 곁들여주세요.

고구마수프

💜 재료

고구마 2~3개(250g)
양파 1/2개
우유 400ml
물 100~200ml
버터 10g
올리브유(식용유) 약간

1 고구마 껍질을 벗기고 토막내어 썰어 전자레인지 용기에 물 2숟가락과 함께 4~5분 돌린다.

2 팬에 올리브유와 버터를 녹여 채 썬 양파를 중간 불에 볶는다.

3 양파가 밝은 갈색이 되면 믹서에 우유 200ml, 찐 고구마와 함께 곱게 간다.

소금을 약간 뿌려주면 단맛도 상승하는 효과가 있으나 생략해도 돼요.

4 3을 팬으로 옮겨 우유나 물을 추가해가면서 약한 불에 끓인다.

TIP

* 군고구마를 쓰면 더 단맛이 나서 맛있어요.
* 올리브유는 식용유로 대체해도 돼요.

브로콜리수프

♥ 재료

브로콜리 1/3개(100g 정도) 소금 3꼬집
양파 1/2개 식용유 약간
버터 30g 파르메산치즈 2숟가락
밀가루 30g (생략 가능)
우유 200ml 아기치즈 1~2장(생략 가능)
물(또는 육수) 200ml

1 브로콜리는 먹기 좋은 크기로 썰어 전자레인지 용기에 넣고 물을 약간 붓고 2분간 돌려 익힌다.

찐 브로콜리를 양파와 함께 볶으면 더 고소해요.

2 팬에 식용유를 약간 두르고 채 썬 양파를 노릇해질 때까지 중간 불에 볶는다.

3 냄비에 버터와 밀가루를 넣고 약한 불에서 밀가루를 녹이듯이 계속 저으며 루를 만든다(142쪽 루 만들기 참조).

4 브로콜리, 볶은 양파, 우유 100ml, 육수 100ml를 믹서에 갈아 3에 더한다.

5 우유 또는 육수를 조금씩 더하며 원하는 농도가 될 때까지 약한 불에 저으면서 끓인다. 소금으로 간하고 기호에 따라 치즈를 곁들인다.

TIP
치즈는 기호에 따라 파르메산치즈와 아기치즈 중 원하는 것으로 넣으세요.

토마토수프

💙 재료

토마토 3개(약 600g)
양파 1/2개
각종 채소 100g
육수 200ml
소금 2꼬집(생략 가능)
식용유(올리브유) 약간

1 밑부분에 칼집을 낸 토마토를 끓는 물에 30초간 데쳐 껍질을 벗기고, 믹서에 간다.

2 먹기 좋은 크기로 썬 양파와 기타 채소를 준비한다.

다진 소고기나 돼지고기가 있다면 이때 함께 넣어 더 영양가 좋은 수프로 만들어보세요.

3 팬이나 냄비에 식용유 또는 올리브유를 두르고 양파를 반투명해질 때까지 중간 불에 볶다가 다른 채소 재료를 더해 볶는다.

아기치즈나 파르메산치즈를 곁들여 간을 맞출 수도 있어요.

4 곱게 갈린 토마토와 육수를 부어 중간불로 끓이다가 끓어오르면 약한 불로 줄여 저어가면서 재료가 모두 익고 원하는 농도가 될 때까지 끓인다. 소금으로 간한다.

TIP

* 채소는 브로콜리, 감자, 애호박, 양파 등 집에 있는 재료를 사용하세요.
* 냉동채소 믹스에는 샐러리, 완두콩 등 따로 갖추기 어려운 채소가 함께 들어 있어 더욱 맛있는 수프를 만들 수 있어요.
* 푸실리, 마카로니 등 쇼트 파스타를 삶아 넣어주면 떠먹는 토마토파스타가 돼요.

147

CHAPTER 4

무침과 샐러드

채소를 가장 건강하게 먹을 수 있는 메뉴는

가열 시간을 최소화한 무침 또는 날것 그대로 먹는 샐러드입니다.

그러나 원물의 모양과 맛이 그대로 살아있기 때문에 아이들은 대개 좋아하지 않죠.

그래도 무침과 샐러드 메뉴를 꾸준히 준비해주는 것이 중요해요.

시각적으로 적응하면서 부모가 맛있게 먹는 것을 지속적으로 보면

어느 날 갑자기 먹어보려 하는 날이 올 것입니다.

한국인에게 가장 친숙한 집반찬들입니다.
재료 본연의 맛을 잘 살리면서
간을 많이 하지 않는 순한 무침 메뉴들이에요.

무침반찬

맛있는 무침요리 팁
살살 흔들어 섞는 느낌으로 무쳐주세요. 깨는 손가락으로 으깨거나 절구에
빻아서 뿌리면 영양소 흡수에도 좋고 더욱 고소한 맛이 납니다.

나물 보관 기간
나물은 싱거울수록 빨리 상해요. 너무 많은 양을 한꺼번에 조리하지 말고 이
틀 안에 소진하는 것이 좋아요. 비빔밥을 한두 번만 해 먹으면 금방이랍니다.

간 조절
나물을 좋아하지 않는 아이들에겐 조금 세게 간을 해서 주세요. 나물 맛과
친해지면 간을 조금 줄여도 잘 먹게 됩니다.

마늘 사용
적은 양의 마늘은 맛을 더해주지만 미각이 예민한 아이라면 아주 조금의 마
늘도 매워할 수 있으니 빼주세요.

너무 짠 무침 살리기
양념이 과해서 짜다면 물에 헹구어 체에 밭쳐 물기를 뺀 뒤 다시 간하세요.

너무 싱거워진 무침 살리기
무침요리는 보관 중에 싱거워질 수 있어요. 고인 물을 따라내고 아주 약간
만 간을 더해서 드세요.

시금치무침

♥ 재료
시금치 200g
간장 1/2티스푼
소금 약간
다진 마늘 1/2티스푼(생략 가능)
참기름(들기름) 1티스푼
깨 1티스푼

뿌리에는 영양소가 많아요. 잘라 버리지 말고 칼로 흙만 긁어내고 깨끗이 씻어서 먹으면 좋아요.

1 시금치는 1~2잎 단위로 분리하여 씻는다.

2 끓는 물에 소금 1티스푼을 풀어 시금치를 넣고 30초 데친다.

3 찬물에 헹궈 건지고 물기를 꼭 짜서 먹기 좋은 크기로 썬다.

4 볼에 시금치를 담고 소금 1꼬집, 간장, 다진 마늘(생략 가능)을 넣어 무친다.

5 참기름과 깨를 뿌려 섞는다.

콩나물무침

♥ 재료
콩나물 250g
소금 2꼬집
간장 1티스푼
참기름(들기름) 1티스푼
깨 1티스푼

뚜껑을 계속 닫거나 계속 열어두어야 비린내가 나지 않아요.

아삭한 식감을 원하면 찬물에 헹구고, 부드러운 식감을 좋아하면 그대로 두어 서서히 식힙니다.

1 콩나물을 씻고 체에 밭쳐 물을 뺀다.

2 끓는 물에 소금 1티스푼을 풀고 콩나물을 넣자마자 뚜껑을 닫고 5분 동안 삶는다.

3 체에 밭쳐 식힌다.

4 소금과 간장을 넣어 버무리고, 참기름과 깨를 뿌려 섞는다.

♥ 재료
숙주나물 250g
소금 약간
간장 1티스푼
참기름 1티스푼
깨 1티스푼

숙주나물무침

숙주나물은
찬물에 헹구지 않아도
식감이 좋아요.
체에 밭친 채로 열기를
조금 식힙니다.

1 숙주나물을 충분한 양의 물에 헹구어 이물질을 걷어내고 체에 밭쳐 물기를 뺀다.

2 끓는 물에 소금 1티스푼을 풀고 숙주나물을 1분 데친 후 건진다.

3 숙주나물을 볼에 옮겨 소금 2꼬집, 간장 1티스푼을 넣고 무친다. 참기름과 깨를 뿌려 섞는다.

♥ 재료
배춧잎 6~7장(약 150g)
소금 약간
참기름 1티스푼
깨 1티스푼

배추무침

1 끓는 물에 소금 1티스푼을 풀어 배춧잎 색이 선명해질 때까지 1~2분 데친다.

2 배추를 찬물에 헹궈 물기를 짜고 먹기 좋은 크기로 썬다.

3 배추를 볼로 옮겨 소금 2꼬집, 참기름 1티스푼, 깨 1티스푼을 넣고 무친다.

청경채무침

♥ 재료

청경채 200g
소금 1티스푼
유자청(유자차용) 1티스푼
간장 1/2티스푼
들기름(참기름) 1티스푼
깨 1티스푼

아삭한 식감을
좋아하면
30초만 데치세요.

청경채 잎이
너무 크면 무치기
전에 먹기 좋게
썰어주세요.

1 청경채 잎을 1장씩 분리해서 깨끗이 씻는 다.

2 끓는 물에 소금 1티스푼을 풀고 청경채를 1분 데친다.

3 찬물에 헹궈 물을 뺀 청경채를 볼에 담고 간장, 유자청과 함께 버무린다.

4 들기름과 깨를 섞는다.

TIP

시판 유자차를 사용했어요. 유자청 대신 레몬청이나 매실청을 써도 되고, 레몬즙과 올리고당을 섞어 써도 돼요.

무생채

❤ 재료

무 200g
파프리카페이스트 1티스푼(생략 가능)
매실청 1숟가락
식초 1티스푼
소금 1티스푼

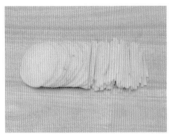

1 무를 얇게 채 썬다.

2 무를 볼에 담고 소금 1티스푼을 버무려 20분 동안 절인다.

3 고인 물은 따라 버리고 매실청, 식초, 파프리카페이스트를 넣어 무친다.

TIP

* 파프리카페이스트는 343쪽을 참조하세요.
* 양념을 넣기 전에 무를 먹어보고 너무 짜면 물에 한 번 헹궈 짠맛을 줄여주세요.
* 만들고 바로 먹으면 무의 아린 맛 때문에 매울 수 있어요. 상온에 반나절 또는 냉장고에 하루 정도 두었다가 드세요.

오이무침

♥ 재료
오이 1개
소금 약간
매실청 1티스푼
참기름 1티스푼
깨 1티스푼

맛을 보고
너무 싱겁다면
이때 소금을 조금 더
추가하세요.

1 오이를 얇게 썰어 볼에 담고 소금 2꼬집을 버무려 20분간 절인다.

2 오이를 꼭 짜서 물기를 빼고 매실청 1티스푼을 넣어 버무린다.

3 참기름과 깨를 섞는다.

브로콜리 두부무침

♥ 재료
브로콜리 120g
두부 100g
간장 1티스푼
매실청 1티스푼
들기름(참기름) 1숟가락
깨 1티스푼

TIP
두부는 찌개용·부침용 모두 가능해요.

1 잘 씻은 브로콜리를 찜 용기에 물 두 숟가락과 함께 넣고 전자레인지에 2분 돌린다.

2 두부를 끓는 물에 1분 데치고 건진다. 브로콜리를 볼에 옮기고 물기를 꼭 짠 두부를 으깨며 섞는다.

3 간장과 매실청을 각 1티스푼씩 넣고 무친다. 들기름(참기름)과 깨를 넣고 버무린다.

가지무침

♥ 재료

가지 2개(200~250g)
소금 약간
간장 1티스푼
다진 마늘 1/2티스푼(생략 가능)
다진 대파 1티스푼(생략 가능)
들기름(참기름) 1티스푼
깨 1티스푼

1 가지를 먹기 좋은 크기로 썬다.

2 볼에 옮겨 소금 3꼬집을 버무려 20분 정도 절인다.

3 절여진 가지의 물기를 짜고 덮개를 덮어 전자레인지에 2분 돌려 찐다.

매운맛에 민감한 아이는 마늘과 파를 모두 빼주세요.

4 찐 가지를 다시 볼로 옮기고 간장, 다진 마늘, 다진 대파를 넣어 무친다.

5 들기름(참기름)과 깨를 버무린다.

TIP
어른은 고춧가루와 간장을 섞어 만든 양념장을 추가하세요.

톳두부무침

🖤 재료

두부 180g
톳(생톳 기준)30g
간장 1티스푼
매실청 1티스푼
들기름(참기름) 1숟가락

1 끓는 물에 소금 1티스푼을 풀고 씻은 톳을 5분 데친다.

2 건져서 찬물에 헹군 톳을 잘게 다진다.

3 두부를 데쳐 물기를 짜고 손으로 으깬다.

4 볼에 톳, 두부, 간장, 매실청, 들기름(참기름)을 넣고 버무린다.

TIP

* 두부는 찌개용·부침용 모두 가능해요.

* 매실청은 양파잼(341쪽 참조) 1숟가락으로 대체할 수 있어요.

도토리묵무침

♥ 재료
도토리묵 1팩(250g)
김가루 1줌
간장 1티스푼
들기름(참기름) 1숟가락
깨 1티스푼

갓 쑨 도토리묵은
말랑해서 데치지
않아도 됩니다.

조미가 된 김가루를
사용하는 경우에는
간장을 줄이거나
생략해주세요.

1 냉장 상태의 도토리묵은 먹기 좋은 크기로 썰어 끓는 물에 30초 데친다.

2 찬물에 헹궈 물기를 빼고 볼로 옮겨 들기름(참기름), 간장과 김가루를 뿌려 섞는다.

3 깨를 넣고 버무린다.

TIP

* 도토리묵은 한 번 뜯어 전부 소진하는 게 좋으므로 도토리묵의 양에 맞추어 양념의 양을 가감해주세요.
* 김가루는 일반 김을 손으로 부셔서 사용하면 돼요.
* 어른은 '간장 3 : 고춧가루 2 : 식초 2 : 올리고당 1 : 참기름 1' 비율로 섞어 만든 양념장에 묵을 찍어먹거나 버무려 드세요.

응용 메뉴

청포묵무침
동일한 과정으로 조리할 수 있어요. 냉장 청포묵은 청포묵이 투명해질 때까지 데쳐 헹구면 돼요.

가지버섯무침

♥ 재료
가지 1개
새송이버섯 1개
간장 1티스푼
식초 1티스푼
올리고당 1티스푼
들기름 1티스푼
깨 1티스푼

1 가지와 새송이버섯을 얇게 썬다.

골고루 구워지도록
중간에 열어서
섞어주세요.

2 에어프라이어 140℃에 12분 굽는다.

3 구워진 가지와 버섯을 볼에 담고 한 김
식힌다.

약간 힘을 주며
무치면 양념이
잘 배어요.

4 간장, 식초, 올리고당을 버무린다.

5 들기름과 깨를 뿌려 잘 섞는다.

TIP
가지나 버섯 중 한가지로만 해도 돼요.

드레싱만 준비해두면
재료를 씻고 써는 것이 전부인 메뉴예요.
아이들에게 별로 인기는 없지만
생채소를 그대로 섭취하는 아주 좋은
영양공급원이 되어주니 꾸준히 준비해주고,
부모가 맛있게 먹는 모습을 보여주세요.

샐러드

재료 손질하기 → 소스 준비하기 → 소스에 버무리기

조금씩 조리하기

샐러드는 생채소로 만들기 때문에 소스에 오래 버무려져 있으면 금방 물러요. 재료와 소스를 따로 보관하고 한 번에 먹을 만큼만 버무려 먹으면 더 맛있게 먹을 수 있어요.

드레싱이 잘 안 섞여요!

물과 기름은 분리되기 때문에 먹기 직전에 빠르게 섞어 버무려주는 것이 좋아요.

양배추사과 샐러드

♥ 재료

양배추 60g
사과 1/2개
호두 등 견과류 1숟가락
요거트 2~3숟가락
식초 1숟가락
메이플시럽 1숟가락

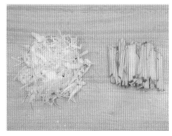

1 양배추와 사과를 얇게 채 썬다.

2 1을 볼에 넣고 으깬 견과류, 요거트, 식초, 메이플시럽을 넣고 고루 버무린다.

TIP

메이플시럽은 올리고당이나 절반 분량의 설탕으로 대체 가능해요.

게맛살오이 샐러드

♥ 재료

게맛살 4개(70~80g)
오이 1개
소금 1/2티스푼
식초 1숟가락
설탕 1티스푼
깨 1티스푼

짠맛과 첨가물을 줄이는 과정입니다. 끓는 물에 3분 정도 데쳐도 돼요.

1 게맛살을 잘게 찢어 뜨거운 물에 10분 정도 담갔다가 건진다.

2 오이를 채 썰어 볼에 담고 소금 1/2티스푼을 뿌려 절인다.

3 게맛살과 절여진 오이의 물을 꼭 짜고 볼에 합쳐 식초와 설탕을 넣고 잘 섞는다. 깨를 뿌려 마무리한다.

닭고기오리엔탈
샐러드

♥ 재료

닭다리살 250~300g
양배추(적양배추) 40g
오이 1/2개
방울토마토 7~8개
식용유 약간

<드레싱>
간장 1숟가락
식초 1숟가락
메이플시럽 1숟가락
들기름(참기름) 1숟가락

허브류가
있다면 뿌려서
구우면 좋아요.

바로 먹어도 되지만
1시간 정도 전에 미리
만들어두면
더 맛있어요.

1 팬에 식용유를 조금만 두르고 껍질과 지방을 제거한 닭다리살을 중간 불에 앞뒤로 고루 굽는다.

2 양배추(적양배추), 오이, 토마토를 먹기 좋은 크기로 썬다.

3 한 김 식혀 작게 썬 닭고기와 채소 재료를 볼에 담고 드레싱 재료를 모두 섞어 고루 버무린다.

TIP

* 닭다리살 대신 닭 안심이나 닭가슴살도 좋아요.
* 메이플시럽은 올리고당(1숟가락)이나 설탕(1/2숟가락)으로 대체 가능해요.

아보카도
새우샐러드

♥ 재료

새우 6~10마리
아보카도 1/2개
토마토 1/2개
어린잎이나 양상추
원하는 만큼(생략 가능)

<드레싱>

간장 1숟가락
올리고당1숟가락
레몬즙(식초) 1숟가락
물 1숟가락
올리브유(들기름 또는 참기름) 1숟가락
깨 1티스푼(생략 가능)
후추 1꼬집(생략 가능)

새우는 팬에 굽거나
끓는 물에 데쳐도 됩니다.
원하는 방법으로
익혀주세요.

1 손질하고 씻은 새우는 물 2숟가락과 함께 찜 용기에 넣고 전자레인지에 3분 돌린다.

2 아보카도 1/2개와 토마토 1/2개를 깍둑썰기하고, 새우도 먹기 좋은 크기로 썬다.

3 잘 씻은 어린잎 또는 양상추를 그릇에 담고 새우, 아보카도, 토마토를 올려 드레싱을 두른다. 기호에 따라 깨와 후추를 추가한다.

TIP

새우는 생새우를 손질하여 잘게 썰어 쓰거나 새우살 제품을 써도 돼요.
새우 손질은 20쪽을 참조하세요.

코울슬로

♥ 재료
양배추 130g
양파 30g
파프리카 20g
당근 20g
마요네즈 2~3숟가락
식초 1티스푼
메이플시럽(올리고당) 1숟가락
소금 1/2티스푼

TIP
홈메이드 두부마요네즈는 344쪽을 참조하세요.
마요네즈를 쓰지 않으려면 요거트로 대체하세요.

다지기로
너무 곱게 다지면
물이 많이 나오므로
칼로 써는 게 좋아요.

마요네즈는
입맛에 맞춰 가감하고,
요거트(+소금 약간)로
대체해도 됩니다.

1 모든 재료는 잘게 썬다.

2 양파는 물에 담가 매운맛을 빼고, 나머지
재료를 볼에 넣고 소금 1/2티스푼을 버무
려 20분 정도 절인다.

3 고인 물을 버리고 물기를 뺀 양파, 마요네
즈, 식초, 메이플시럽을 넣고 잘 섞는다.

콘샐러드

♥ 재료
옥수수 180g
파프리카 20g
오이 20g
마요네즈 1숟가락
플레인요거트 1숟가락

TIP
옥수수는 제철에 생옥수수를 쪄서 알만 분리해 써도 돼요.
여기서는 병조림 제품을 사용했습니다.

1 끓는 물에 옥수수를 3분 데친다.

2 체에 밭쳐 옥수수 물기를 빼고 다진 파프
리카와 오이를 섞는다.

3 플레인요거트와 마요네즈를 한 숟가락씩
섞는다.

CHAPTER 5

볶음

기름 맛과 불 맛이 만나 각종 재료를 더욱 맛있게 즐길 수 있는 조리법이에요.
재료를 잘 조합하면 간을 많이 하지 않고도 고소한 볶음요리를 할 수 있어요.

식탁의 주인공이자 급식 단골 반찬이며,
아이들 입맛에도 친숙한 볶음요리들.
육류와 채소를 함께 볶아
색깔, 영양, 맛을 모두 살려요.

볶음
메인 요리

양념에 재우기 → 채소부터 볶기 → 타지 않게 저으면서 익히기

볶음요리 주의사항

불고기 볶음류 메뉴는 미리 양념을 하고, 조리 시에 기름을 쓰지 않기 때문에 팬에서 볶을 때 밑이 타지 않도록 주의해야 해요. 조리하는 동안 부지런히 저어주어야 합니다. 여러 재료가 들어가므로 단일 반찬으로도 손색이 없어요. 고기를 좋아하는 아이들은 채소들과 함께 볶아주면 고기만 골라 먹으려 할 겁니다. 그래도 꾸준한 시도가 중요하니 맛있는 볶음요리를 여러 가지로 시도해보세요.

소불고기

♥ 재료(가족 1~2끼 분량)

소고기(불고기용) 500g	<양념>
양파 1/2개	양파 1/2개
애호박 70g	사과 1개
버섯 40g	간장 3숟가락
당근 50g	다진 마늘 1숟가락
대파 20g	맛술 1숟가락(생략 가능)
깨 1티스푼	물 50ml

20분 정도 재웠다가 바로 조리해도 되지만 가능하면 하룻밤 정도 냉장고에 두는 게 좋아요.

물을 조금씩 추가하면서 타지 않게 볶아주세요. 오래 가열하면 고기가 질겨지니 채소가 다 익으면 불을 끄세요.

1 믹서에 양념 재료를 모두 넣고 곱게 갈아 고기에 버무려 재워둔다.

2 모든 채소는 잘게 썰거나 채 썬다.

3 팬에 기름 없이 고기와 채소를 다 같이 넣고 재료가 모두 익을 때까지 중간 불에서 볶는다. 불을 끄고 깨를 뿌린다.

TIP

* 사과는 배 1/2개로 대체해도 돼요.

* 버섯은 느타리버섯, 표고버섯, 새송이버섯, 팽이버섯 등과도 잘 어울려요.

오리불고기

♥ 재료

오리고기 300g	<양념>
양파 1/2개	사과 1/2개
당근 40g	간장 2숟가락
파프리카 30g	맛술 1티스푼(생략 가능)
부추(또는 대파) 10g	다진 마늘 1티스푼
깨 1티스푼	물 50ml

오리고기는 과일에 너무 오래 재워두면 육질이 녹아버려요. 30분을 넘기지 않는 것이 좋아요.

바닥에 눌어붙을 때마다 물을 조금씩 추가하면서 타지 않게 볶아주세요.

1 채소를 채 썰고 양념 재료를 모두 믹서에 간다.

2 오리고기와 채소를 볼에 담고 양념을 넣어 버무리고 20분간 재운다.

3 팬에 기름 없이 재료가 모두 익을 때까지 중간 불에 볶는다. 불을 끄고 깨를 뿌린다.

TIP

* 채소 재료는 입맛에 따라 대체하거나 추가해도 좋아요.
양배추, 버섯 등도 잘 어울립니다.

* 오리고기는 훈제가 아닌 생오리살을 사용하세요.

닭갈비(닭볶음)

♥ 재료

닭다리살 3덩어리(250~300g)
양파 50g
양배추(적양배추) 40g
당근 40g
깻잎 5~6장
대파 10g

다진 마늘 1티스푼
간장 1티스푼
맛술 1숟가락(생략 가능)
굴소스 1티스푼
식용유 약간
깨 1티스푼

1 닭다리살의 껍질과 지방을 잘라내고 먹기 좋은 크기로 썰어서 간장과 맛술을 버무려 20분 정도 재운다.

2 재료들을 작게 썬다.

3 팬에 식용유를 약간 두르고 다진 마늘과 양파를 중간 불에 볶는다.

4 양파가 반투명해지면 당근, 양배추, 닭고기를 넣어 볶는다. 굴소스로 간한다.

5 재료들이 다 익으면 대파와 깻잎을 넣어 숨이 죽을 때까지 볶는다. 불을 끄고 깨를 뿌린다.

TIP
닭다리살이 기름지고 부드러워 맛있지만 담백한 닭안심도 좋아요.

응용 메뉴

닭갈비볶음밥
재료들을 더 잘게 썰고 마지막에 밥을 넣고 간을 조금 더하면 닭갈비볶음밥이 됩니다. 닭갈비가 남았을 때 활용해보세요.

제육볶음

♥ 재료

돼지고기(불고기용) 250g
양파 50g
당근 40g
부추 10g
깨 1티스푼
식용유 약간

<양념>
파프리카페이스트 1숟가락
(생략 가능)
양파잼 1숟가락(생략 가능)
다진 마늘 1티스푼
간장 1티스푼
맛술 1숟가락(생략 가능)

1 양파, 당근, 부추를 채 썬다.

2 볼에 돼지고기와 양념 재료를 모두 넣고 잘 버무린 뒤 30분 정도 재운다.

3 팬에 식용유를 약간 두르고 다진 마늘과 채 썬 양파를 중간 불에 볶다가 양파가 반투명해지면 당근과 재워둔 고기를 함께 볶는다.

4 모든 재료가 익으면 부추를 넣어 숨이 죽을 때까지 볶고 깨를 뿌려 마무리한다.

TIP

* 양파잼(341쪽 참조)은 올리고당 1티스푼으로 대체해도 됩니다.

* 파프리카페이스트는 343쪽을 참조하세요.

* 돼지고기는 담백한 불고기용도 좋지만 조금 더 기름진 대패목살이나 대패삼겹살을 쓰면 고소하고 부드러워요.

응용 메뉴

제육덮밥
과정 4에서 육수 1/2컵을 넣고 보글보글 끓으면
전분물(물 2숟가락 + 전분 1티스푼)을 둘러 잘 섞어주세요.
밥에 얹어주면 제육덮밥 완성입니다.

오징어볶음

♥ 재료

오징어 1마리
양파 50g
당근 40g
파프리카 20g
깻잎 4장
다진 대파 3숟가락

다진 마늘 1티스푼
굴소스 1/2티스푼
맛술 1숟가락(생략 가능)
식용유 약간
깨 1티스푼

1 손질한 오징어를 먹기 좋은 크기로 썬다
(21쪽 참조).

2 채소를 가늘게 채 썬다.

3 팬에 식용유를 약간 두르고 다진 마늘과
다진 대파를 중간 불에 볶는다.

4 마늘이 노릇해지면 양파, 당근, 파프리카
를 함께 볶는다.

간을 하지 않는
아이는 굴소스를
생략해주세요.

5 양파가 반투명해지면 오징어를 넣고 볶
는다. 굴소스와 맛술을 섞는다.

6 모든 재료가 익으면 깻잎을 넣고 잠시 후
에 불을 끈다. 깨를 뿌린다.

양배추새우볶음

♥ 재료
새우 120g
양배추 120g
다진 마늘 1티스푼
굴소스 1/2티스푼(생략 가능)
후추 1꼬집(생략 가능)
식용유 약간

1 손질하여 잘 씻은 새우와 양배추를 먹기
좋은 크기로 썬다.

2 팬에 식용유를 약간 두르고 다진 마늘을
중간 불에 노릇하게 볶는다.

3 양배추와 새우를 함께 넣고 볶는다.

간을 보고 싱거우면
불을 끄기 전에
굴소스 1/2티스푼을
추가해주세요.

4 재료가 다 익으면 불을 끄고 후추 1꼬집
을 뿌려 섞어준다.

응용 메뉴

양배추새우볶음밥
마지막에 밥을 넣고 간을 약간 더해
볶아주면 맛있는 볶음밥이 돼요.

돼지고기
숙주볶음

♥ 재료
돼지고기(불고기용) 200g
숙주나물 250g
다진 마늘 1티스푼
굴소스 1티스푼
깨 1티스푼
식용유 약간

1 숙주나물은 물에 여러 번 헹궈 이물질을 제거하고 체에 밭쳐 물기를 뺀다.

2 팬에 식용유를 약간 두르고 다진 마늘을 중간 불에 볶는다.

3 마늘이 노릇해지면 숙주나물과 먹기 좋은 크기로 썬 돼지고기를 함께 볶는다.

4 굴소스로 간하고 숙주나물 숨이 다 죽으면 불을 끄고 깨를 뿌려 마무리한다.

TIP
돼지고기는 불고기용이 기름기가 적어 좋지만 대패목살이나
대패삼겹살을 쓰면 더 고소하고 부드러워요.

비트닭고기볶음

💜 재료

닭 안심(또는 다리살) 120g   간장 1티스푼
비트 50g   식용유 약간
양배추 45g
양파 50g
다진 마늘 1티스푼
소금 2꼬집

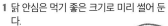

1 닭 안심은 먹기 좋은 크기로 미리 썰어 둔다.

2 채소 재료는 모두 채 썬다.

3 팬에 식용유를 약간 두르고 다진 마늘 1티스푼을 중간 불에 볶다가 양파와 닭고기를 넣어 볶는다.

재료가 바닥에 눋어붙으면 물을 2~3숟가락씩 넣어주며 볶으세요.

4 닭고기 표면이 익으면 양배추와 비트를 더해서 볶는다.

5 소금과 간장으로 간하고 재료가 모두 익으면 불을 끈다.

가공식재료를 활용하여 만드는 밑반찬들이에요.
가공식품 특유의 감칠맛 등이 있어서
아이들이 잘 먹는 치트키 같은 반찬이지요.

볶음 밑반찬

재료 썰기 → 데치기 → 기름에 볶기 & 간하기

맛없어진 볶음반찬 살리기

밑반찬은 냉장고에 보관했다가 다시 먹게 되는 경우가 많은데, 맛이 많이 떨어져서 아이들이 잘 안 먹을 수 있어요. 한 번 먹을 양을 덜어 마른 팬에 살짝 볶아주면 방금 만든 반찬처럼 다시 맛이 살아납니다.

가공식재료 구입과 사용

가공식재료를 구매할 땐 첨가물 종류와 나트륨 함량이 적은 것을 선택하세요. 그리고 조리 전에 데치거나 물에 담가 첨가물과 염분을 최대한 빼주는 것이 좋습니다.

멸치견과류볶음

♥ 재료

잔멸치 2컵(90~100g)
견과류(땅콩, 호두, 아몬드 등)
2숟가락
크랜베리 1숟가락(생략 가능)
간장 1숟가락
조청 2숟가락

참기름(들기름) 1숟가락
식용유 약간

1 냄비에 물을 넉넉히 끓이고 멸치를 넣어 3~5분 데친 뒤 체에 밭쳐 물기를 뺀다.

2 견과류는 으깨거나 빻아둔다. 크랜베리는 잘게 다진다.

3 팬에 식용유를 약간 두르고 중간 불에 멸치를 볶는다. 물기가 날아가고 고소한 냄새가 올라오면 간장과 조청을 둘러 잘 섞는다.

4 견과류를 뿌려 섞고 불을 끈 뒤 참기름(들기름)을 섞는다.

 TIP
조청은 올리고당으로 대체할 수 있어요.

응용 메뉴

멸치볶음주먹밥
37쪽 멸치주먹밥의 재료로 사용할 수 있어요.

어묵볶음

💜 재료

어묵 120g	깨 1티스푼
양파 40g	식용유 약간
당근 30g	
피망 20g	
굴소스(또는 간장)	
1티스푼(생략 가능)	

1 끓는 물에 어묵을 1분 정도 데쳐 건진다.

2 모든 채소를 채 썬다.

3 팬에 식용유를 약간 두르고 채소를 중간 불에 볶는다.

불을 끄기 전에 맛을 보고 너무 싱거우면 간장 또는 굴소스 1티스푼을 추가하세요.

4 양파가 반투명해지면 어묵을 넣고 모든 재료가 익을 때까지 볶는다. 깨 1티스푼을 뿌린다.

TIP

* 수제 어묵은 210쪽을 참조하세요. 수제 어묵을 사용할 경우에는 어묵볶음 과정 1은 생략하세요.

* 어른은 간을 더하고 고춧가루를 뿌려 볶아 드세요. 잘게 썬 청양고추를 더해도 맛있어요.

응용 메뉴

어묵볶음덮밥
과정 4에서 어묵을 볶다가 물이나 육수 1/2컵을 넣고 끓으면 전분물(물 2숟가락 + 전분 1티스푼)을 둘러 빠르게 저으면 덮밥 소스가 됩니다.

베이컨채소볶음

♥ 재료
베이컨 80g(4장 정도)
양배추 60g
양파 40g
피망 20g
당근 20g
다진 마늘 1티스푼
식용유 약간

1 끓는 물에 베이컨을 1분 데쳐 건진다. 먹기 좋은 크기로 썬다.

2 채소도 베이컨 크기에 맞추어 썰어둔다.

3 팬에 식용유를 약간 두르고 다진 마늘을 중간 불에 볶다가 마늘이 노릇해지면 채소와 베이컨을 모두 함께 넣는다.

베이컨을 데쳐도 짭짤한 맛이 남아 있지만 싱거우면 굴소스를 조금 넣으세요.

4 모든 재료가 익을 때까지 볶는다.

응용 메뉴

소시지채소볶음
베이컨 대신 소시지를 활용하여 동일한 과정으로 조리하면 소시지채소볶음이 돼요.

진미채
갈릭버터볶음

🖤 재료
진미채 100g
버터 10g
다진 마늘 1티스푼

진미채가 너무 길거나 엉켜 있으면 데치기 전에 칼이나 가위로 미리 잘라주세요.

1 냄비에 물을 넉넉히 끓이고 진미채를 3분 정도 데쳐 물기를 뺀다.

2 팬에 버터를 녹이고 다진 마늘을 약한 불에서 노릇해질 때까지 볶는다.

3 진미채를 넣고 버터가 골고루 묻도록 섞듯이 볶고 불을 끈다.

응용 메뉴

빨간 진미채볶음
파프리카페이스트(343쪽 참조)를 1티스푼 더해주면 맵지 않은 빨간 진미채볶음이 돼요.

채소 원물의 맛을 끌어올리는 채소볶음 반찬.
생채소의 쌉쓸한 맛은 줄어들고
고소한 맛이 더해져요.

채소볶음

재료 썰기 → (재료 절이기) → 기름에 볶기 & 간하기

볶음요리 조리 요령

재료의 굵기나 두께를 일정하게 썰어야 짧은 시간 안에 재료를 골고루 익혀 영양가와 식감을 두루 살릴 수 있어요. 얇은 재료일수록 빨리 눌어붙거나 타기 때문에 볶으면서 계속 저어주세요.

물 추가해 볶기

채소가 익는 시간이 오래 걸리면 바닥이 타기 쉬운데, 이때 계속해서 기름을 더하면 음식이 느끼해지고 필요 이상의 지방을 섭취하게 돼요. 기름 사용량을 줄이려면 물을 조금씩 더해가며 볶으면 좋습니다. 뚜껑을 중간중간 닫아주면 더 빨리 익어요.

감자볶음

💙 재료

감자 2개
양파 1/4개
당근 30g(생략 가능)
소금 2~3꼬집
깨 1티스푼
식용유 약간

감자 전분을 빼주면 볶을 때 끈적끈적하게 들러붙지 않아요.

물을 약간 뿌리고 뚜껑을 잠깐씩 덮어주면 눌어붙거나 타는 것을 막고 조리 시간도 줄일 수 있어요.

1 감자는 채를 썰어 물에 약 15분간 담갔다가 잘 헹구고 체에 건져 물을 뺀다.

2 나머지 재료들도 채 썰어 준비한다.

3 팬에 식용유를 약간 두르고 감자, 당근, 양파를 넣고 중간 불에 볶는다. 소금으로 간하고 감자가 다 익으면 불을 끄고 깨를 뿌려 마무리한다.

버섯볶음

💙 재료(2줄 분량)

버섯 150g
소금 2꼬집
식용유 약간

TIP

새송이버섯, 양송이버섯, 표고버섯 등 어떤 종류의 버섯으로도 할 수 있는 메뉴예요.

마지막에 참기름이나 들기름을 약간 섞어주면 풍미가 더 좋아져요.

1 버섯을 얇게 썬다.

2 팬에 식용유를 약간 두르고 버섯 색이 짙어질 때까지 중간 불에 볶는다.

3 소금 2꼬집으로 간한다.

당근볶음

♥ 재료
당근 1개
소금 3꼬집
들기름(참기름) 1티스푼
식용유 약간

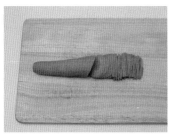

1 당근을 채 썬다.

시간이 부족하다면 과정 2를 생략하고 볶으면서 소금을 넣어도 좋아요.

2 채 썬 당근을 볼에 옮겨 소금 3꼬집을 넣고 버무려 20분 정도 둔다.

당근은 기름에 볶으면 달고 고소한 맛이 나요. 생당근의 맛이 남아 있다면 더 볶아야 맛있어요.

3 팬에 식용유를 약간 두르고 당근을 중간 불에 볶는다. 당근이 익으면 불을 끄고 들기름 1티스푼을 넣어 잘 섞는다.

응용 메뉴

당근김밥
김밥김과 밥을 준비해서 당근볶음만 넣어 말아도
고소하고 식감도 좋은 김밥이 됩니다.

오이소고기볶음

♥ 재료

오이 1개
다진 소고기 80g
소금 2꼬집
다진 마늘 1티스푼
참기름 1티스푼
깨 1티스푼
식용유 약간

오이는 채 썰거나
반달썰기를
해도 좋아요.

1 오이는 얇게 썰어 소금을 뿌려 절이고, 20분 뒤 물기를 꼭 짠다.

2 팬에 식용유를 약간 두르고 다진 마늘을 중간 불에 볶다가 노릇해지면 소고기를 볶는다.

3 소고기가 익으면 오이를 더해 2분 이내로 볶는다.

4 불을 끄고 참기름과 깨를 뿌린다.

TIP
소고기가 없다면 오이만 볶아도 맛있어요.

무볶음

♥ 재료

무 250g
육수 150ml
국간장 1티스푼
조청 1티스푼
들깨가루 1숟가락
들기름(참기름) 1티스푼

1 무를 가늘게 썬다.

2 팬에 무, 육수, 국간장을 넣고 중간 불에서 끓인다. 끓어오르면 약한 불로 줄여 충분히 익힌다.

무가 다 익기 전에 육수가 졸아들면 물을 조금 추가해주세요.

3 육수가 졸아들고 무가 완전히 익으면 조청과 들깨가루를 넣고 섞는다.

4 불을 끄고 들기름(참기름)을 둘러 섞는다.

TIP

* 조청은 올리고당이나 양파잼 1숟가락으로 대체할 수 있어요.

* 육수는 354쪽의 멀티 육수를 활용하거나 간단히 멸치육수를 만들어 쓰면 돼요.

가지토마토볶음

♥재료
가지 1개
양파 1/4개
토마토 1개(또는 방울토마토 약 200g)
굴소스 1티스푼
올리브유(식용유) 약간

1 토마토는 칼집을 내어 끓는 물에 30초간 데친 후 찬물에 식힌다.

2 토마토 껍질을 벗기고 먹기 좋은 크기로 썬다.

3 가지와 양파를 잘게 썬다.

4 팬에 올리브유를 약간 두르고 중간 불에 양파를 볶는다.

5 양파가 반투명해지면 가지와 토마토를 넣어 함께 볶는다.

6 굴소스로 간하고 가지가 익으면 불을 끈다.

TIP
과정 5에서 다진 고기도 함께 볶으면 영양가가 더 풍성해집니다.

청경채볶음

♥ 재료
청경채 200g
굴소스 1티스푼
올리고당 1티스푼
다진 마늘 1티스푼
식용유 약간

1 청경채는 희고 두꺼운 줄기 부분과 푸른
  잎 부분을 분리해서 씻어 둔다.

2 팬에 식용유를 약간 두르고 다진 마늘을
  중간 불에 노릇해지도록 볶는다.

3 청경채 흰 부분을 먼저 볶으면서 굴소스
  와 올리고당을 섞는다.

4 푸른 잎 부분을 더해서 함께 볶고 숨이
  죽으면 불을 끈다.

TIP

* 올리고당은 설탕 1/2티스푼으로 대체해도 돼요.
* 굴소스 대신 액젓을 넣어도 맛있어요.
* 양념 양을 늘리고 매운 고추(페페론치노)를 함께 볶으면 맛있는 어른 반찬이 됩니다.

애호박볶음

♥ 재료
애호박 1개
양파 1/3개
새우젓 1티스푼
참기름 1티스푼
깨 1티스푼
식용유 약간

1 양파와 애호박을 채 썬다.

2 팬에 식용유를 약간 두르고 양파를 중간 불에 볶는다.

3 양파가 반투명해지면 애호박을 추가해 함께 볶으면서 새우젓으로 간한다.

4 애호박이 익으면 불을 끄고 참기름과 깨 를 뿌려 섞는다.

TIP
* 무염으로 하려면 새우젓을 양파잼 1숟가락으로 대체하세요.
* 채썰기가 귀찮으면 애호박을 반달 모양으로 썰어도 좋아요.
  단, 볶는 시간이 조금 더 걸려요.

콩나물볶음

♥ 재료

콩나물 250g
육수(또는 물) 100ml
다진 마늘 1티스푼
다진 대파(또는 쪽파) 1숟가락
새우젓 1티스푼
들기름(참기름) 1숟가락

깨 1티스푼
식용유 약간

1 콩나물을 잘 씻어 체에 밭쳐둔다.

2 팬에 식용유를 약간 두르고 다진 마늘을
중간 불에 볶는다.

3 마늘이 노릇해지면 콩나물과 육수를 넣
고 새우젓 1티스푼으로 간하여 콩나물 숨
이 죽을 때까지 끓이듯 볶는다.

오래 가열하면
질겨지니 육수가
졸아들고 콩나물 뿌리가
반투명하게 잘 익으면
불을 꺼주세요.

4 대파를 더하고 볶다가 대파 숨이 죽으면
불을 끈 뒤 들기름(참기름)과 깨를 뿌려
잘 섞는다.

TIP
육수는 354쪽의 멀티 육수를 활용하거나 간단히 멸치육수를 만들어 쓰면 돼요.

미역줄기볶음

♥ 재료

미역줄기 250g　　　　　식용유 약간
양파 1/2개
다진 마늘 1티스푼
국간장 약간(생략 가능)
들기름 1숟가락
깨 1티스푼

삶기 전에
미리 헹궈 물에
시간 이상 담가두면
더 좋아요.

1 미역줄기는 끓는 물에 5분 이상 삶아 염
　분을 줄인다.

2 팬에 식용유를 약간 두르고 다진 마늘과
　채 썬 양파를 중간 불에 볶는다.

염장된 미역줄기는
짠맛이 남아 있지만
간을 보고 국간장을 약간
더해주어도 좋아요.

3 양파가 반투명해지면 먹기 좋은 길이로
　썬 미역줄기를 넣어 볶는다.

4 불을 끄고 들기름과 깨를 뿌려 잘 섞는다.

TIP

마트에서 쉽게 구할 수 있는 염장 미역줄기를 사용했습니다.

196

고사리볶음

♥ 재료

삶은 고사리 150g
양파 1/4개
육수 300ml
간장 1숟가락
들깨가루 1숟가락
식용유 약간

1 고사리는 물에 헹궈 먹기 좋은 길이로 썬다. 양파도 얇게 채 썰어 둔다.

2 팬에 식용유를 약간 두르고 양파와 다진 마늘을 중간 불에 볶는다.

3 양파가 투명해지기 시작하면 고사리와 육수를 넣고 간장을 둘러 약한 불에서 끓이듯이 볶는다.

4 들깨가루를 넣고 고사리와 양파가 부드럽게 익으면 불을 끈다.

TIP

* 건고사리는 준비하는 데 시간이 오래 걸리므로 삶아져 있는 고사리를 구입하는 게 편해요.
  건고사리를 구입했다면 하루 전에 물에 불리고 끓는 물에 푹 삶아 사용하세요.
* 육수는 354쪽의 멀티 육수를 활용하거나 간단히 멸치육수를 만들어 쓰면 돼요.

김치볶음

♥ 재료
김치 100g
양파 30g
조청 1티스푼
참기름 1티스푼
깨 1티스푼
식용유 약간

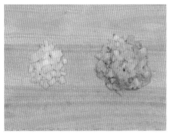

1 양파와 김치를 잘게 썬다.

2 팬에 식용유를 약간 두르고 양파를 중간
  불에 볶는다.

3 양파가 노릇해지면 김치를 넣고 볶는다.

4 김치의 수분이 날아가면 조청을 넣고 잘
  섞은 뒤 불을 끈다. 참기름, 깨를 뿌린다.

TIP
* 아이 김치(299쪽)를 그대로 쓰거나 어른김치를 씻어서 사용하세요.
* 조청은 동량의 올리고당 또는 절반 분량의 설탕으로 대체해도 돼요.

건나물볶음

♥ 재료

건나물 17g
양파 1/2개
다진 마늘 1티스푼
육수 150ml
국간장 1숟가락
들깨가루 1숟가락

들기름(참기름) 1티스푼
식용유 약간

1 건나물을 끓는 물에 10분 삶고 1~2시간 그대로 둔다.

2 나물을 건져 물기를 짜고 먹기 좋은 길이로 썬다. 양파는 채 썬다.

3 팬에 식용유를 약간 두르고 다진 마늘과 양파를 중간 불에 볶는다.

4 나물을 함께 볶다가 국간장과 육수를 부어 약한 불에서 끓이듯 볶는다.

5 들깨가루를 넣고 국물이 졸아들면 불을 끈다. 들기름을 뿌려 섞는다.

TIP

* 곤드레나물, 취나물, 시래기 등 다양한 건나물을 활용할 수 있어요.
  여기서는 곤드레나물을 사용했어요.
* 육수는 354쪽의 멀티 육수를 활용하거나 간단히 멸치육수를 만들어 쓰면 돼요.

고소하고 보들보들한 스크램블에그와
이를 응용한 메뉴 모음입니다.
쉽고 빠르게 조리할 수 있고 아이들도 좋아해요.

달걀볶음

달걀물 풀기 → 다른 재료 섞기 → 기름 약간에 빠르게 볶기

달걀볶음 요령

달걀이 뭉치기 전에 빠르게 휘저어 몽글몽글한 질감을 살리는 것이 포인트입니다. 식감을 부드럽고 폭신하게 만들어주는 우유는 두유나 생크림으로 대체할 수 있어요. 케첩을 곁들여 먹을 경우 소금간은 생략해도 됩니다.

스크램블에그

♥ 재료

달걀 2개
우유 50ml
소금 1꼬집(생략 가능)
후추 1꼬집(생략 가능)
식용유 약간

1 달걀을 풀고 우유와 소금을 섞는다.

기호에 따라 후추를 뿌려주세요.

2 팬에 식용유를 약간 두르고 예열하여 약한 불로 줄이고 1을 붓는다. 익기 시작할 때 휘저으며 원하는 정도로 익힌다.

TIP 케첩을 곁들여 먹을 경우 소금은 생략해주세요.

토마토달걀볶음

♥ 재료

달걀 1개
토마토 1/2개
양파 1/4개(생략 가능)
식용유 약간

TIP 양파는 함께 볶으면 더 맛있지만 없을 경우 생략해도 돼요.

1 토마토와 양파를 잘게 썰어 준비한다.

2 팬에 식용유를 약간 두르고 다진 양파를 중간 불에 볶는다. 양파가 반투명해지면 토마토를 함께 볶는다.

기호에 따라 소금, 후추를 더해주세요.

3 달걀을 풀어 팬에 붓고 휘저으며 볶는다. 달걀이 익으면 불을 끈다.

두부부추 달걀볶음

♥ 재료
달걀 1개
두부 50g
부추 15g
양파 30g
육수(또는 물) 3숟가락
간장 1/2티스푼(생략 가능)
식용유 약간

1 두부, 부추, 양파를 잘게 썰어 준비한다.

2 팬에 식용유를 약간 두르고 다진 양파를 중간 불에 볶는다.

3 양파가 반투명해지면 두부와 부추를 함께 넣고 볶는다.

간한 음식을 먹는 아이는 달걀물에 간장 1/2티스푼을 미리 풀어주세요.

4 육수와 달걀을 풀어 팬에 붓고 휘저으며 볶는다. 달걀이 원하는 정도로 익으면 불을 끈다.

브로콜리 달걀볶음

♥ 재료
달걀 1개
브로콜리 40g
양파 30g
물(또는 육수) 약간
새우가루 1숟가락(생략 가능)
식용유 약간

1 씻은 브로콜리를 찜 용기에 물 2숟가락과 함께 넣고 전자레인지에 2분 돌린다.

2 양파를 다져 식용유를 약간 두른 팬에 중간 불로 볶는다.

3 양파가 반투명해지면 브로콜리와 새우가루 1숟가락을 넣고 함께 볶는다.

4 물 3숟가락과 달걀을 풀어 팬에 붓고 휘저으며 볶는다. 달걀이 익으면 불을 끈다.

TIP
새우가루는 새우젓 1/2티스푼이나 소금 2꼬집으로 대체해도 돼요.

새우버섯 달걀볶음

♥ 재료

달걀 1개   굴소스 약간(생략 가능)
새우살 60g   식용유 약간
버섯 20g
대파 15g
육수 2숟가락
맛술 1티스푼(생략 가능)

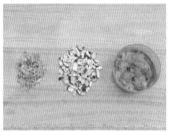

1 대파, 버섯, 새우살을 모두 잘게 썬다.

2 팬에 식용유를 약간 두르고 대파를 중간 불에 먼저 볶는다.

3 대파의 초록색이 짙어지면 새우, 버섯, 맛술을 넣고 새우가 익을 때까지 볶는다.

간하려면 굴소스나 간장을 아주 조금 넣어주세요.

4 육수와 달걀을 풀어 팬에 붓고 휘저으며 볶는다. 달걀이 원하는 만큼 익으면 불을 끈다.

TIP
버섯은 새송이버섯, 팽이버섯, 느타리버섯 등 어떤 종류든 좋아요.
여기서는 표고버섯 1개를 사용했어요.

CHAPTER 6

찜

식재료를 가열할 때 생기는 증기를 활용하여 음식을 익히는 방법으로
굽기나 볶기보다 건강에 좋은 조리법으로 알려져 있어요.
자극적인 맛에 익숙한 아이에겐 인기가 없을 수도 있겠지만,
온가족의 건강 밥상을 위해 도전해보세요.

고기와 생선을 건강하게 조리하는 메뉴들입니다.
조리 시간이 오래 걸리는 것이 단점이지만
촉촉하고 부드러운 식감을 즐길 수 있어요.

고기·생선 찜

재료 손질하기 → 찜판에 올리거나 냄비에 넣기 → 끓기 시작하면 약한 불로 익히기

찜요리 요령

찜요리를 할 때는 반드시 뚜껑을 닫아 뜨거운 공기로 재료가 충분히 익도록 해주세요. 오랜 시간 조리하기 때문에 가열하는 동안 바닥이 타지 않도록 수분을 넉넉하게 유지해주어야 합니다.

찜판을 올리고 찌는 메뉴는 찜판 아래에 충분한 양의 물을 넣고, 재료 자체의 수분으로 찌는 경우는 중간중간 바닥 쪽을 긁어 올리듯이 섞어주어 바닥에 눌어붙지 않게 합니다.

수제 어묵

♥ 재료

오징어 60g
새우살 60g
흰살 생선(대구, 동태, 가자미 등) 120g
달걀(흰자만) 1개
양파 30g
당근 30g

후추 2꼬집
다진 대파 20g
다진 마늘 1티스푼
전분 30g
밀가루(또는 쌀가루) 15g
소금 2꼬집

1 다지기에 오징어, 새우, 생선, 소금 2꼬집, 후추 2꼬집을 넣고 다진다.

해동 재료를 쓸 경우 물기가 많아지므로 전분 1~2티스푼을 추가해주세요.

2 1을 볼에 옮겨 다진 당근, 다진 양파, 다진 대파, 다진 마늘, 달걀 흰자, 전분, 밀가루(쌀가루)를 넣고 반죽한다.

하룻밤 재워두면 딱 좋아요.

3 2를 냉장고에서 3시간 이상 숙성한다.

4 쫀득한 어묵을 만들려면 반죽을 숟가락으로 뜨거나 틀에 넣어 에어프라이어 180℃에 10분 굽는다(오븐은 200℃에서 15~20분). 부드러운 어묵을 만들려면 반죽을 종이포일에 말거나 틀에 넣어 찜판에 올리고 15분 찐다.

TIP

* 오징어와 새우 손질법은 20~21쪽을 참조하세요. 두 가지 모두 생물을 쓰는 것이 좋아요.
* 어묵은 식으면 식감이 조금 더 좋아집니다. 식은 후 서로 붙지 않게 종이포일이나 랩으로 분리해서 비닐백에 냉동보관하세요.

생선찜

♥ 재료

생선 1마리
각종 채소 원하는 만큼
레몬 1/2개
올리브유 2숟가락
소금 2~3꼬집
허브 2~3꼬집

1 채소는 손질해서 먹기 좋은 크기로 썰고, 레몬은 3장 정도만 슬라이스하고 나머지는 즙을 짜 둔다.

2 내장이 제거된 생선을 깨끗이 씻고 꼬리 쪽에서 머리 쪽으로 긁듯이 칼로 문질러 비늘을 제거한다.

소금에 절여진 생선에는 소금을 뿌리지 마세요. 구입할 때 염지 여부를 확인하세요..

3 종이포일 위에 레몬 슬라이스를 깔고 생선을 올린 뒤 주변에 채소 재료를 놓는다. 레몬즙과 올리브유를 골고루 뿌리고, 전체적으로 소금과 허브를 조금 뿌려준다.

오븐으로 찔 때에는 과정 3까지 똑같이 하고 200℃ 오븐에 20분 정도 구우세요.

4 찜판에 올리고 10~15분 찐다. 생선 두께에 따라 시간을 조절한다.

TIP
* 생선은 가자미, 갈치, 연어, 삼치 등을 추천해요. 여기서는 가자미를 사용했습니다.
* 곁들이는 채소로는 냉장고 속 덩어리채소 재료를 뭐든 활용해도 좋아요.
여기서는 브로콜리, 아스파라거스, 양파, 파프리카를 사용했습니다.

저수분수육

♥ 재료

돼지고기(수육용) 300g   <양념>
무 150g   된장 1숟가락
양파 1개   맛술 1숟가락
대파 1대   배 1/2개
부추 50g   다진 마늘 1티스푼
물 50ml   물 50ml

1 배는 믹서에 갈고 양념 재료를 모두 섞어 양념을 만든다.

2 냄비나 솥 바닥에 납작하게 썬 양파, 무, 큼직하게 자른 대파, 부추를 깔고 물 50ml를 붓는다.

고기가 너무 두꺼우면 조리 시간이 오래 걸리므로 2cm 정도 두께로 썰어서 올리는 것이 좋아요.

3 돼지고기를 통째로 올리고, 위에 양념을 붓는다.

불이 세면 바닥이 타버릴 수가 있으니 매우 약한 불에서 뭉근하게 찌듯이 익혀주세요.

4 뚜껑을 닫은 채로 1시간가량 약한 불에서 익힌다. 고기가 완전히 익으면 불을 끄고 고기를 먹기 좋은 크기로 썬다.

TIP

* 수육에는 기름기가 적은 앞다릿살이나 뒷다리살을 주로 쓰지만 목살이나 삼겹살로 하면 더 부드럽고 고소해요.
* 배 대신에 시판 배즙을 30ml 정도 사용하거나 342쪽의 배즙과 배퓌레를 활용해도 돼요.
* 채소 재료가 너무 무르지만 않았다면 반찬처럼 곁들여 먹어도 맛있어요.
* 어른은 무를 채 썰어 소금과 설탕 약간으로 절이고 고춧가루, 액젓, 식초를 기호에 맞춰 버무려 만든 무생채를 수육과 함께 드세요.

갈비찜

♥ 재료

갈비 1kg	대추 5알(생략 가능)	<양념>
무 150g	밤 원하는만큼	배 1/2개
당근 1/3개	(생략 가능)	양파 1/2개
표고버섯 2~3개	간장 2숟가락	간장 5숟가락
대파 1/2대	맛술 1숟가락	마늘 5톨
마늘 5~6톨	물 500ml	생강 조금
		물 100ml

무와 당근의 모서리를 둥글게 깎아주면 국물이 탁해지는 것을 막을 수 있어요.

1 갈비를 잘 씻어 찬물에 30분 이상 담가 핏물을 뺀다.

2 무와 당근, 대파를 먹기 좋은 크기로 썬다.

3 양념 재료를 믹서에 모두 넣고 곱게 간다.

4 물을 끓여 갈비 표면이 옅은 색이 될 때 까지 데치고 찬물에 헹군다. 끓인 물은 버린다.

5 살코기가 두꺼운 부분은 칼집을 내고, 간 장 2숟가락과 맛술 1숟가락을 넣고 버무 려 30분 이상 재운다.

고기가 뼈대에서 살짝 분리될 정도로 푹 익어야 질기지 않아요.

6 냄비에 모든 재료와 양념을 넣고 고루 섞 은 뒤 물 500ml를 붓고 뚜껑을 닫고 약 한 불로 1시간 이상 끓인다. 중간중간 뒤 섞어준다.

TIP

* 여기서는 소갈비를 사용했지만 돼지등뼈, 돼지등갈비 등을 활용할 수도 있어요.
* 용량이 넉넉한 전기밥솥을 활용한다면 만능찜 모드로 조금 더 쉽게 할 수 있어요. 40분 내외로 취사해주세요.

손쉽게 할 수 있는 달걀요리, 달걀찜!
부드럽고 촉촉한 달걀찜은
아이나 어른 모두에게 인기 있는 반찬이지요.

달걀찜

달걀물 풀기 → 재료 섞기 → 찜기에 찌기 or 전자레인지에 돌리기

달걀찜 요령

찜기를 써도 되고, 전자레인지로 간편하게 할 수도 있어요. 집에 있는 재료를 다양하게 활용해보세요.

레시피에서는 달걀 섭취량이 과해지는 것을 막기 위해 달걀은 2개만 썼어요. 레시피대로 하면 1공기 분량으로 달걀찜이 만들어집니다. 푸짐한 달걀찜을 만들고 싶으면 재료 용량을 늘려주세요.

달걀을 체에 한 번 걸러주면 훨씬 고운 질감의 달걀찜이 된답니다.

고운 달걀찜
(자완무시)

♥ 재료

달걀 2개
육수(또는 물) 60ml
소금 1꼬집(생략 가능)
맛술 1티스푼(생략 가능)

1 달걀을 잘 푼다. 소금과 맛술을 섞는다.

달걀찜의 입자를 곱게 하는 과정이에요.

2 다른 그릇을 받치고 달걀물을 체에 걸러 내린 다음, 찜 용기를 받쳐 한 번 더 체에 거른다.

3 용기를 찜판에 올린다.

고명을 올리려면 찌는 중간에 표면이 어느 정도 굳은 4~5분 후에 올려주세요.

4 용기 위를 접시나 종이포일로 덮고 냄비 뚜껑을 닫고 찐다. 물이 끓고부터 7~8분 찌고 불을 끈다.

TIP

* 완성 사진처럼 표면에 고명을 올리려면 얇게 썬 표고버섯, 새우, 쑥갓 등 원하는
  재료를 추가로 준비합니다.
* 육수는 354쪽의 멀티 육수를 활용하거나 간단히 멸치육수를 만들어 쓰면 돼요.
  물로 대체하고 새우가루 등으로 감칠맛을 더해줘도 괜찮아요.

채소달걀찜

♥ 재료
달걀 2개
육수(또는 물) 50ml
각종 다진 채소 3~4숟가락
소금 1꼬집(생략 가능)

TIP

양파, 당근, 브로콜리, 애호박, 파프리카, 버섯 등 어떤 채소든
좋아요. 355쪽의 멀티 볶음을 활용할 수도 있어요.

채소를 섞기 전에
체에 한 번 이상
걸러주면 더 부드러운
달걀찜이 됩니다.

완전히 닫지 말고
공기가 통하는 구멍을
반드시 남겨두세요.

1 달걀을 풀고 다진 채소와 육수를 더해 잘
섞는다. 소금 1꼬집을 넣는다.

2 찜 용기에 붓고 덮개를 덮어 전자레인지
에 1분 돌린다.

3 용기를 꺼내어 몽글몽글해진 달걀을 바
닥까지 골고루 뒤섞어준 뒤 다시 덮개를
덮고 1분 30초 더 돌린다.

새우두부
달걀찜

♥ 재료
달걀 2개
두부 80g
새우 2마리(20g)
육수(또는 물) 50ml
다진 대파(또는 쪽파나 부추)
1숟가락
후추 1꼬집

TIP

채소달걀찜과 같은 방법으로 전자레인지로 조리해도 돼요.
새우가 충분히 익었는지 확인해주세요.

재료를 섞기 전에
체에 한 번 이상
걸러주면 더 부드러운
달걀찜이 됩니다.

1 육수를 섞으며 달걀을 잘 푼다.

2 물기를 꼭 짠 두부를 으깨어 넣고 잘게 썬
새우와 파를 함께 섞는다. 기호에 따라 후
추를 약간 추가한다.

3 찜 용기에 부어 찜기에 넣고 물이 끓고
나서부터 9~10분 찐다.

채소를 원물 그대로 즐기는 찐 채소를
어린 개월수부터 꾸준히 노출시켜주면
채소와 빨리 친해질 수 있고
편식을 최소화할 수 있어요.

찐 채소 매시

재료 썰기 → 찜기에 찌기 → 으깨기

으깨기 요령

찐 재료가 식기 전에 으깨야 쉽게 할 수 있어요. 포크를 사용해도 되고 포테이토 매서를 활용하면 조금 더 빨리 으깰 수 있어요.

찐 채소 맛있게 먹기

찐 채소를 그대로 먹는 것을 어려워한다면 마요네즈를 곁들여 줘보세요. 찐 채소를 으깨 만드는 매시 요리는 부드럽고 좀 더 다양한 재료가 추가되어 채소 덩어리 그대로보다 먹기 좋아요.

전자레인지로 채소 찌기

채소를 적당한 크기로 썰어 찜 용기에 넣고 물 3순가락을 더한 뒤 덮개를 덮고(밀폐 금지) 전자레인지에 돌린다. 애호박, 브로콜리, 콜리플라워는 2분, 당근과 고구마는 3~4분, 단호박과 감자는 5~6분 돌리는데, 두께와 크기에 따라 시간을 가감한다.

냄비로 채소 찌기

냄비에 물을 충분히 받고 찜판을 올려 적당한 크기로 썬 채소를 올리고 뚜껑을 덮는다. 채소의 크기나 단단함 정도에 따라 5~15분 찐다.

감자베이컨
샐러드

♥ 재료
감자 2개(300g)
베이컨 2장
당근 15g(생략 가능)
마요네즈 2숟가락
물 약간

1 껍질을 벗긴 감자를 물 3숟가락과 함께
찜 용기에 넣고 전자레인지에 5~6분 돌
려 익힌다.

2 베이컨을 잘게 썰어 끓는 물에 3분 정도
데쳐 짠맛을 뺀다.

마요네즈 양을 줄이고
물이나 우유로
질감을 내주면 저염으로
먹을 수 있어요.

3 으깬 감자와 다진 당근, 데친 베이컨을 볼
에 넣고 기호에 따라 마요네즈를 넣는다.

응용 메뉴

감자소고기샐러드
베이컨 대신 다진 소고기를 볶아 넣어도 맛있어요.
소금 1~2꼬집을 더해주세요.

고구마 브로콜리매시

♥ 재료
고구마 1개 반~2개(250g)
브로콜리 30g
버터 20g
소금 2꼬집
물 약간

전자레인지 찜 용기에 각각 쪄도 돼요.

1 껍질을 벗긴 고구마와 브로콜리를 함께 찜기에 찐다. 브로콜리는 먼저 꺼내고 고구마는 젓가락이 푹 들어갈 정도로 충분히 찐다.

2 볼에 고구마를 으깨고 브로콜리는 다져 넣고, 버터와 소금을 넣고 섞는다. 물을 조금씩 추가하며 원하는 질감을 만든다.

TIP
냉장고에서 막 꺼낸 버터는 단단해서 잘 섞이지 않으므로 미리 상온에 꺼내 놓거나 전자레인지에 20초 돌려 녹이세요.

응용 메뉴

고구마브로콜리크로켓
완성된 매시를 동글게 빚어 빵가루에 굴린 뒤 에어프라이어 160℃에 5분 구우면 겉이 바삭한 핑거푸드가 됩니다. 굽기 전에 오일 스프레이를 뿌려주면 더 맛있어요.

단호박견과무스

♥ 재료
단호박 1/2개
견과류(아몬드, 호두 등) 15g
크랜베리 15g
당근 10g(생략 가능)
요거트 2~3숟가락
소금 1꼬집(생략 가능)

1 손질한 단호박을 물 3숟가락과 함께 찜 용기에 넣고 전자레인지에 5~6분 돌린 다.

소금 1꼬집을 더하면 더 맛있어요.

2 단호박을 으깨고 다진 견과류, 다진 크랜 베리, 다진 당근, 요거트와 함께 섞는다.

응용 메뉴

단호박무스샌드위치
식빵에 단호박무스를 바르고 달걀프라이를 끼워 샌드위치를 만들 수 있습니다.

CHAPTER 7

구이

구이요리는 그날 밥상의 주인공이 되지요.
흔히 말하는 '불 맛'을 입은 재료들은
풍미가 강하여 입맛을 살려줍니다.
타지 않게 조심하면서 맛있는 구이요리를 만들어보세요.

온 가족이 함께 식탁에 둘러앉아
푸짐한 구이요리를 맛있게 즐겨요

구이요리

재료 밑간하기 or 재우기 → 굽기

구이요리 요령

구이요리를 할 땐 재료가 타지 않게 불 조절을 잘 하는 것이 중요합니다. 대부분의 메뉴는 먼저 중간불이나 센 불에서 표면을 그을리듯 굽고 불을 줄여 속까지 익히는 방법으로 조리합니다. 바닥이 탈 것이 염려되면 물그릇을 준비해놓고 조금씩 더해가며 조리하고, 덮개를 잠깐씩 덮으면 태우지 않고도 속까지 고루 익힐 수 있어요.

떡갈비

♥ 재료

다진 소고기 200g	간장 1티스푼
사과 50g	소금 2꼬집
양파 40g	식용유 약간
대파 20g	
버섯 20g	
다진 마늘 1티스푼	

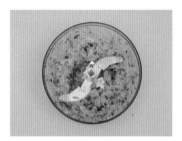

1 사과, 양파, 대파, 버섯을 모두 함께 다진다.

2 다진 소고기를 키친타월로 눌러 핏기를 제거한다.

시간이 부족하다면 바로 조리해도 돼요.

3 다진 소고기에 1을 넣고 다진 마늘, 간장, 소금을 넣어 치대고 냉장고에서 1시간 정도 숙성한다.

4 반죽을 동글납작하게 빚고 가운데를 살짝 눌러준다.

양념이 된 고기는 쉽게 타므로 뚜껑을 자주 열어 살피고 약한 불을 유지해주세요.

5 팬에 식용유를 약간 두르고 약한 불에서 앞뒤를 노릇하게 굽는다. 중간중간 물을 조금씩 붓고 뚜껑을 닫아주면 부드럽게 잘 익는다.

응용 메뉴

떡 넣은 떡갈비
떡국떡, 조랭이떡 등을 잘게 썰어 반죽에 넣으면 맛도 식감도 재미있는 고기 반찬이 됩니다.

떡갈비주먹밥
밥에 참기름을 둘러 섞고 안에 떡갈비를 넣어 뭉치면 간편한 한 끼가 되어요. 김으로 겉을 한 번 감싸주면 손에 달라붙지 않아요.

스테이크와 구운 채소

♥ 재료
스테이크용 고기 원하는 만큼
아스파라거스 등 각종 채소 원하는 만큼
올리브유 약간
버터 1숟가락
소금, 후추 약간

1 아스파라거스는 밑동을 조금 잘라내고 중간 부분부터는 껍질이 질기므로 감자 칼로 얇게 깎아냅니다.

2 각종 채소를 먹기 좋은 크기로 손질한다. 고구마, 감자, 당근 등 단단한 채소는 미리 전자레인지로 쪄 두면 좋다.

3 고기 표면의 핏기를 키친타월로 눌러 닦아내고 소금과 후추 약간을 뿌려둔다.

4 팬에 올리브유를 약간 두르고 버터를 녹인다.

5 중간 불에 고기와 채소를 굽는다.

미디움 굽기를 원한다면 앞뒷면이 구워졌을 때 바로 꺼내세요.

6 앞뒷면을 약간 그을리듯 굽고, 약한 불로 줄여 뚜껑을 닫고 안까지 익힌다.

7 잘 구워진 고기는 상온에 잠시 두었다가 채소와 곁들여 낸다.

TIP
고기와 채소는 가족의 취향에 따라 양과 종류를 선택하여 준비하세요. 여기서는 소고기 등심, 고구마, 당근, 아스파라거스, 방울토마토를 사용했어요.

닭다리살
스테이크

♥ 재료

닭다리살 3~4덩이
각종 채소 원하는 만큼
마늘 5~6톨
버터 1숟가락
허브 약간(생략 가능)
후추 약간(생략 가능)
소금 약간

껍질째로 구우면 맛있지만 지방 섭취량 조절을 위해 아이용은 손질해줍니다.

1 닭다리살의 껍질을 칼이나 가위로 제거하고 앞뒤로 소금을 1꼬집씩 뿌려둔다.

2 마늘은 편으로 썰고, 채소는 먹기 좋은 크기로 썬다.

3 팬에 올리브유와 버터를 두르고 마늘을 약한 불에 볶는다.

허브와 후추를 뿌려서 구우면 더 맛있어요.

4 마늘이 노릇해지면 닭다리살을 올려 중간 불에 굽는다.

5 아랫면이 연한 갈색 빛이 돌면 닭다리살을 뒤집고, 채소 재료를 넣어 함께 익힌다.

TIP

채소는 당근, 브로콜리, 감자, 애호박 등 냉장고에 있는 것으로 준비하세요.
여기서는 냉동 채소 믹스를 사용했습니다.
감자는 익는 데 시간이 걸리니 미리 찌거나 삶아 쓰면 좋아요.

윙봉구이

♥ 재료

닭 윙이나 봉 1~2팩(400~500g)
우유 400ml
허브가루 약간(생략 가능)
월계수잎 1~2장(생략 가능)
소금 약간

혹시 모를 잡내를
제거하는 과정입니다.
시간이 없으면 생략하고
깨끗이 씻어주세요.

1 우유에 허브가루와 소금을 1티스푼 섞어
잘 씻은 닭고기를 20분 정도 재운다.

2 닭고기를 건져 헹구고 끓는 물에 5분 삶
는다. 월계수 잎이 있다면 넣고 삶는다.

10분 부터는 자주 열어
굽기 정도를 살펴주세요.
중간에 한 번
뒤집어주세요.

3 소금 2꼬집과 허브가루를 골고루 뿌려
에어프라이어 200℃에 15~20분 굽는다
(오븐 210℃ 20~30분).

TIP

그냥 먹기 심심하다면 349쪽의 허니갈릭소스를 곁들여 보세요.

생선구이

♥ 재료
생선 1~2마리
레몬 1/2개(또는 식초)
올리브유(또는 식용유) 약간
전분 1~2숟가락
소금 2꼬집

1 생선은 잘 씻은 뒤 레몬즙 3~4숟가락을 골고루 묻힌다. 무염 생선인 경우 소금 2 꼬집을 골고루 뿌린다.

2 생선의 앞뒤 표면에 전분을 얇게 묻힌다.

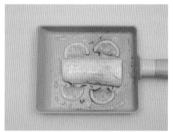

3 팬에 올리브유 또는 식용유를 약간 두르고 즙을 짜고 남은 레몬 조각을 썰어 생선과 함께 중간 불에 굽는다.

TIP
* 레몬즙은 식초 2숟가락으로 대체 가능해요. 고온에 가열하면 신맛이 날아갑니다.
* 생선은 흰살 생선, 등 푸른 생선, 붉은살 생선 모두 활용 가능해요. 여기서는 갈치를 사용했습니다. 손질된 생선을 사용하면 편리해요.

응용 메뉴

생선오븐구이
생선과 레몬 조각을 종이포일에 올리고 올리브유와 레몬즙을 뿌린 뒤 가장자리를 오므려 오븐 220℃에 15분 내외로 구워주세요.(생선구이 과정 2 생략)

갈릭버터 새우구이

♥ 재료
새우 원하는 만큼
마늘 5톨
버터 약간
올리브유 약간

TIP 새우 손질은 20쪽을 참조하세요.

1 손질된 새우는 키친타월로 물기를 제거한다.

2 팬에 버터와 올리브유를 약간 두르고 편으로 썬 마늘을 중간 불에 볶는다.

3 마늘이 노릇하게 익으면 새우를 넣고 양면이 약간 갈색을 띠도록 굽는다.

구운 달걀

♥ 재료
달걀 원하는 만큼
식초 2숟가락
물 200ml

달걀은 절대 씻어 보관하면 안 돼요. 조리 직전에 씻어주세요.

한 번 취사가 끝났을 때 물이 말라 있으면 한 번 더 보충해주세요.

1 볼에 물을 받고 물에 식초를 2숟가락 풀어 달걀 표면을 문지르며 씻어준다.

2 전기밥솥에 달걀을 넣고 물 200ml를 부어 백미취사 모드로 두 번 돌린다.

233

LA갈비

💜 재료

LA갈비 1kg · · · · · · · · 간장 5숟가락
<양념> · · · · · · · · · · 맛술 1숟가락(생략 가능)
배 1/2개 · · · · · · · · · 물 100ml
양파 1/2개
통마늘 6톨
(또는 다진 마늘 3숟가락)

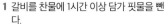

1 갈비를 찬물에 1시간 이상 담가 핏물을 뺀다.

2 양념 재료를 모두 믹서에 곱게 간다.

저녁에 준비해서
다음 날에 먹으면
적당해요.

3 밀폐 용기에 갈비와 양념을 번갈아 깔고 남은 양념을 위에 부은 뒤 3시간 이상 냉장 숙성한다.

고기로 바닥을
문지르듯이
앞뒤로 익힙니다.

TIP
오븐에 구워도 좋아요. 양념이 타 붙을 수 있으니 종이포일을 깔고 고기를 올려 210℃에서 15~20분 구워주세요. 에어프라이어에서는 시간과 온도를 줄여주세요.

4 팬에 기름 없이 갈비를 놓고 중간 불에서 겉면만 굽고 약한 불로 줄여 익힌다. 바닥이 타려고 할 때마다 물을 조금씩 추가하며 덮개를 덮고 익힌다.

응용 메뉴

소고기구이
핏물 빼는 과정은 생략하고 동일한 과정으로 조리하면 됩니다.

돼지갈비
재료만 돼지고기로 바꾸어 동일한 과정으로 조리하면 됩니다.

오징어 버터구이

♥ 재료
오징어 1마리
버터 30g
다진 마늘 1티스푼

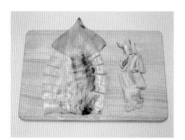

1 오징어를 손질하여 몸통 가장자리에 칼
집을 넣는다(손질법은 21쪽 참조).

버터는 미리
꺼내두거나
전자레인지에
15초 돌려주세요.

2 상온의 버터에 다진 마늘을 섞는다.

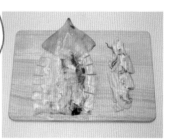

3 2를 오징어에 골고루 묻힌다.

탈 수 있으니
중간에 열어 살펴보고
온도와 시간을
조절하세요.

4 에어프라이어 180℃에 10분 굽는다(오븐
200℃ 15분 내외).

TIP
어른은 초고추장과 마요네즈에 찍어 드세요.

CHAPTER 8

부침

메뉴 이름만 보아도 기름에 지글지글 맛있게 부쳐지는 음식이 떠올라요.

조리 과정 특성상 기름을 많이 머금기 때문에

건강에 좋다고만은 할 수 없는 조리법이지만, 아이들이 낯설어하는 재료도

친근한 맛으로 느끼게 해줄 수 있는 유용한 조리법입니다.

재료를 손질하여 반죽에 섞거나
재료에 반죽을 입혀 팬에 부쳐냅니다.
재료를 절여서 사용하기도 해요.
채소부침 재료는 일정한 굵기로 채 썰어주세요.

부침요리

재료
손질하기 → 달걀물 입히기 or
반죽 만들기 → 예열한 팬에
부치기

가루 선택과 점도 조절

밀가루 대신 부침가루를 사용하면 더 맛있어요. 밀가루를 쌀가루로 대체해
도 돼요. 해동한 재료를 반죽에 사용할 경우 물이 많이 나오므로 레시피 분
량보다 가루 종류를 더 넣어주세요.

바닥에 붙거나 타지 않게 하려면?

부침요리는 충분한 예열과 적당한 양의 기름이 필요해요. 불은 절대 강한
불로 올리지 말고 중간불과 약한 불을 오가며 조리해주세요.

냉장고에서 나온 부침요리 살리기

부침요리가 남아서 냉장보관했다면 팬에 올려 약한 불에 재가열하면 됩니다.
너무 퍼석해졌다면 물을 2~3숟가락 두르고 덮개를 덮어 촉촉하게 해주세요.

간이 심심해요!

부침요리가 심심하다면 350쪽의 아이 간장소스를 곁들여 드세요. 어른은
간장, 다진 대파, 고춧가루를 더해주세요.

가지전

♥ 재료
가지 1개
달걀 2개
밀가루 2숟가락
소금 2꼬집
식용유 약간

먹기 좋게
반달 모양으로 만들어요.
원형으로 썰어서 먹을 때
잘라줘도 됩니다.

수분을 줄여
식감을 좋게 하고
맛을 좋게 하는 과정으로,
시간이 없다면
생략해도 돼요.

1 가지는 반달 모양으로 얇게 썬다.

2 가지를 넓게 펴서 소금 2꼬집을 고루 뿌린다. 20분 정도 둔 뒤 표면에 맺힌 수분을 키친타월로 닦아낸다.

3 비닐봉지에 가지와 밀가루를 함께 넣고 흔들어 표면에 밀가루가 골고루 묻게 한다.

4 달걀을 푼 볼에 가지를 조금씩 넣어 달걀물을 골고루 입힌다.

5 팬에 식용유를 약간 두르고 예열하여 중간 불과 약한 불을 오가며 타지 않게 부친다.

응용 메뉴

애호박전, 연근전
재료만 바꾸어 동일한 과정으로 조리하면 됩니다.
연근은 한 번 데쳐 쓰면 좋아요.

감자채전

♥ 재료
감자 2개(약 300g)
밀가루 2숟가락
전분 2숟가락
물 1/2컵
소금 2꼬집
식용유 약간

감자의 숨이 죽어 부치기 좋아요. 시간이 없다면 절이는 과정은 생략해도 돼요.

불을 줄이고 물을 한 숟가락 두르고 잠시 뚜껑을 덮어 두면 태우지 않고 골고루 익힐 수 있어요.

1 감자를 가늘고 일정하게 채 썰어 볼에 담는다. 소금 2꼬집을 뿌려 손으로 주무르듯 섞고 15분 정도 둔다. 다른 그릇에 물 1/2컵, 밀가루, 전분을 섞어 둔다.

2 팬에 식용유를 약간 두르고 젓가락으로 감자채를 골고루 펼치듯 올려 약한 불에 부친다. 감자채 사이 공간에 숟가락으로 밀가루물을 조금씩 떠서 뿌리면 익으면서 감자채끼리 붙는다. 가장자리가 노릇해지면 뒤집는다.

응용 메뉴

고구마채전
감자만 고구마로 대체해서 그대로 조리하면 돼요.

감자베이컨부침
데친 베이컨을 잘게 썰어 반죽에 섞어 같은 과정으로 부쳐주세요.

당근양파전

♥재료
당근 1개(약 150g)
양파 80g
밀가루 40g
전분 40g
육수(또는 물) 80ml
아기치즈 1장(생략 가능)
식용유 약간

1 당근, 양파, 육수를 믹서에 갈고 볼에 옮겨 밀가루와 전분을 섞는다.

2 팬에 식용유를 약간 두르고 예열을 한 뒤 반죽을 조금씩 올려 약한 불에 부친다.

너무 일찍 뒤집으면 반죽이 흩어지거나 뭉쳐요. 충분히 익힌 후 뒤집으세요.

3 색이 짙어지면 뒤집는다.

4 앞뒤로 잘 부쳐지면 작게 자른 아기치즈를 올려 살짝 녹인다(생략 가능).

TIP
육수는 354쪽의 멀티 육수를 활용하거나 간단히 멸치육수를 만들어 쓰면 돼요.
물로 대체해도 괜찮아요.

배추전

♥ 재료

배춧잎 6~7장
밀가루 100g
물 180ml
새우가루 1숟가락
다진 마늘 1티스푼
식용유 약간

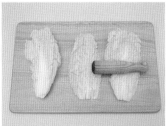

1 씻은 배춧잎은 물기를 잘 털어 두꺼운 흰
줄기 부분을 절구방망이나 밀대 등으로
톡톡 쳐서 얇고 평평하게 만들어준다.

밀가루 냄새에
민감하다면
소금 2꼬집을 더해서
반죽해주세요.

2 볼에 밀가루, 물, 새우가루, 다진 마늘을
넣고 잘 섞어 반죽을 만든다.

3 배춧잎 앞뒤에 반죽이 고루 묻게 한 뒤,
두께가 너무 두껍지 않게 약간 털어내고
식용유를 둘러 예열한 팬에 약한 불로 부
친다.

4 가장자리 색이 노릇해지면 뒤집어 살짝
눌러주면서 부친다.

TIP

새우가루는 새우젓 1/2티스푼으로 대체하거나 생략 가능해요.

애호박채전

♥ 재료

애호박 1개
양파 80g
당근 20g(생략 가능)
달걀 2개
밀가루 40g
새우가루 1티스푼(생략 가능)

소금 2꼬집
식용유 약간

당근이 애호박보다 조리 시간이 오래 걸리므로 당근을 더 가늘게 썰어주세요.

1 애호박을 잘게 채 썰어 볼에 옮기고 소금 2꼬집을 고루 섞어 10분 정도 둔다.

2 1에 잘게 채 썬 양파와 당근, 밀가루, 달걀, 새우가루를 섞는다.

3 식용유를 약간 둘러 예열한 팬에 젓가락으로 반죽을 얇게 펼쳐 부친다. 가장자리의 색이 노릇하게 변하면 뒤집는다.

TIP

* 새우가루는 새우젓 1/2티스푼으로 대체해도 되고 생략해도 돼요.
* 뒤집고 나서 아기치즈나 피자치즈를 올려 녹여주면 더 맛있어요.

팽이버섯전

♥ 재료
팽이버섯 80g
달걀 1개
소금 1꼬집(생략 가능)
식용유 약간

1 팽이버섯은 밑부분만 잘라 결대로 조금 씩 떼어 준비한다.

2 그릇에 달걀을 푼다. 간을 하려면 소금 1 꼬집을 같이 풀어준다.

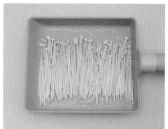

3 팬에 식용유를 약간 두르고 예열한 뒤 팽 이버섯을 나란히 펼친다.

4 달걀물을 골고루 뿌려 버섯 사이로 스며 들게 한다.

아이는 버섯이 질겨서 먹기 힘드니 작게 잘라주세요.

5 가장자리가 노릇해지면 뒤집어서 살짝 눌러주며 다른 쪽 면도 익힌다. 너무 빨리 뒤집으면 팽이버섯이 흩어지니 약한 불 에서 충분히 익힌 후에 뒤집는다.

부추새우전

♥ 재료
새우 80g
부추 40g
양파 40g
달걀 1개
밀가루 15g
전분 30g
물 30ml
다진 마늘 1티스푼
식용유 약간

TIP
부추보다 굵기가 가는 영양 부추를 쓰면
부추 향이 덜해서 아이들이 잘 먹어요.

1 양파는 다지고 새우와 부추는 잘게 썬다.

2 볼에 달걀, 밀가루, 전분, 다진 마늘, 물을 섞고 1을 모두 넣어 반죽한다.

3 팬에 식용유를 약간 두르고 예열한 뒤 반죽을 얇게 펼쳐 앞뒤로 노릇하게 부친다.

쑥갓조개전

♥ 재료
쑥갓 50g
조갯살 80g
달걀 1개
전분 40g
밀가루 30g
맛술 1티스푼
물 10ml
식용유 약간

TIP
바지락, 홍합 등 다양한 조개류로 조리 가능해요.

쑥갓은 억센 줄기
부분을 잘라내고
잎 부분만
사용하세요.

1 쑥갓은 먹기 좋은 길이로 썰고 조갯살도 가위로 잘게 썰어 맛술에 버무려 15분 정도 둔다.

2 전분, 밀가루, 달걀, 물을 모두 볼에 넣고 섞은 뒤 쑥갓과 조갯살도 섞는다.

3 팬에 식용유를 약간 두르고 예열한 뒤 반죽을 얇게 펼쳐 앞뒤로 노릇하게 부친다.

톳전

♥ 재료
톳 70g
다진 돼지고기 30g
파프리카 15g(생략 가능)
밀가루 60g
물 50ml
다진 마늘 1티스푼
소금 1꼬집
식용유 약간

TIP
파프리카는 다른 채소(양파, 당근)로 대체해도 돼요.

1 잘 씻은 톳을 끓는 물에 5분 데쳐 잘게 다진다.

2 볼에 밀가루와 물, 소금 1꼬집을 넣어 섞은 뒤, 다진 돼지고기, 톳, 파프리카, 다진 마늘을 넣어 반죽을 만든다.

3 팬에 식용유를 약간 두르고 예열한 뒤 반죽을 얇게 펼쳐 앞뒤로 노릇하게 부친다.

두부부침

♥ 재료
두부(부침용) 200g
달걀 1개
밀가루 2숟가락
식용유 약간

TIP
350쪽의 아이 간장소스와 잘 어울려요. 어른은 고춧가루와 다진 대파도 섞어서 찍거나 뿌려 드세요.

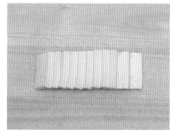

1 두부를 먹기 좋은 두께와 크기로 썬다.

2 표면에 밀가루를 묻히고 턴 뒤 달걀 푼 물을 입힌다.

3 팬에 식용유를 약간 두르고 예열한 뒤, 두부를 올려 앞뒤 노릇하게 부친다.

아이 김치전

♥ 재료

물기를 짠 아이 김치 200g
물(또는 김치 국물) 60ml
밀가루 45g
전분 1티스푼
식용유 약간

1 물기를 짠 김치를 잘게 썰어 물, 밀가루,
전분과 함께 볼에 넣고 잘 섞는다.

2 팬에 식용유를 약간 두르고 예열한 뒤 반
죽을 얇게 펼쳐 앞뒤로 노릇하게 부친다.

TIP
매운맛을 접한 아이라면 어른 김치를 살짝
씻어서 활용해도 돼요.

응용 메뉴

김치고기전
반죽에 다진 돼지고기를 섞으면 더 든든한
부침개가 됩니다.

육전

♥ 재료

소고기(샤브샤브용) 200g
달걀 2개
밀가루 1숟가락
소금 2~3꼬집(생략 가능)
식용유 약간

밀가루가 뭉치지 않게 달걀물을 입히기 전에 살짝 털어주세요.

너무 일찍 뒤집거나 불이 세면 달걀옷이 분리됩니다. 한쪽 면이 충분히 익으면 뒤집으세요.

1 칼등으로 고기 표면을 여러 번 두드려주고 키친타월로 소고기 앞뒷면의 핏기와 물기를 톡톡 두드려 제거한다. 소금을 골고루 뿌린다.

2 밀가루 접시와 달걀 푼 접시를 준비하여 고기 앞뒷면에 밀가루와 달걀물을 차례로 묻힌다.

3 팬에 식용유를 약간 두르고 예열한 뒤 중간불로 노릇하게 부친다.

TIP

육전용 소고기는 샤브샤브용이 가장 좋고, 불고기용도 괜찮아요.

동그랑땡

♥ 재료

다진 돼지고기 300g   소금 2꼬집
두부 100g   후추 1꼬집
달걀 2개   밀가루 2숟가락
양파 40g   식용유 약간
대파(또는 부추) 10g
다진 마늘 1티스푼

1 양파와 대파를 함께 다진다.

2 볼에 물기를 짠 두부, 다진 돼지고기, 달걀노른자 1개, 다진 양파와 대파, 다진 마늘, 소금, 후추를 넣고 치대며 반죽한다.

냉장 숙성은 재료의 맛이 조화롭게 배는 과정이에요. 시간이 부족하면 바로 조리하세요.

3 반죽은 랩이나 뚜껑을 덮어 냉장고에서 1시간 이상 숙성하여 동글납작하게 빚는다.

밀가루가 뭉치지 않게 달걀물을 입히기 전에 살짝 털어주세요.

4 반죽에 밀가루, 달걀 1개 푼 물을 순서대로 묻힌다.

5 팬에 식용유를 약간 두르고 예열한 뒤 중간불로 노릇하게 부친다. 다 익기 전에 겉면이 타려고 하면 물을 2~3숟가락 둘러 덮개를 덮고 익힌다.

TIP
두부는 물기를 짜기 전 무게입니다.

생선전

♥ 재료
전부침용 생선 200g
달걀 1개
밀가루 2숟가락
소금 2꼬집(생략 가능)
후추 2꼬집(생략 가능)
식용유 약간

TIP 전부침용으로 손질된 동태나 대구를 구입하세요.

밀가루가 뭉치지 않게 달걀 물을 입히기 전에 살짝 털어주세요.

1 키친타월로 생선의 앞뒷면의 물기를 제거한다. 간을 할 경우 소금, 후추를 앞뒤로 골고루 뿌린다.

2 밀가루 접시와 달걀 푼 접시를 준비하여 생선 앞뒷면에 밀가루와 달걀물을 차례로 묻힌다.

3 팬에 식용유를 약간 두르고 예열한 뒤 중간불로 노릇하게 부친다.

해물파전

♥ 재료
각종 해물 200~300g
쪽파 60g
밀가루 90g
물 90ml
달걀 1개
다진 마늘 1티스푼
식용유 약간

TIP 해물은 새우, 오징어, 홍합, 조개 등 좋아하는 재료를 사용하세요. 꼭 생물이 아니어도 돼요.

1 볼에 밀가루, 물, 달걀을 잘 섞으며 반죽한다.

2 1에 잘게 썬 해물과 쪽파, 다진 마늘을 넣고 섞는다.

3 팬에 식용유를 약간 두르고 예열한 뒤, 반죽을 얇게 펴 올려 앞뒤로 노릇하게 부친다.

새우전

♥ 재료
새우 15마리
달걀 1개
밀가루 2숟가락
후추 2꼬집(생략 가능)
식용유 약간

1 새우는 손질 후 물에 헹궈 키친타월로 물기를 제거한다.

2 비닐봉지에 새우와 밀가루 2숟가락을 넣고 잘 흔들어 새우 표면에 밀가루가 얇게 입혀지도록 한다.

3 달걀을 풀어 새우에 달걀물을 입힌다. 후추를 사용할 경우, 달걀물에 미리 뿌려 섞어둔다.

4 팬에 식용유를 약간 두르고 예열한 뒤 중간 불에 새우를 부친다.

TIP
손질된 새우를 구입하면 편해요. 생새우가 좋지만 자숙 새우도 가능해요.
새우 손질은 20쪽을 참조하세요.

돼지고기두부 빈대떡

♥ 재료
다진 돼지고기 200g
두부 200g
숙주나물 50g
다진 마늘 1티스푼
전분 50g
소금 2꼬집
식용유 약간

1 숙주나물을 잘 씻어 잘게 썰어둔다.

다지기에 함께 넣어 섞어도 돼요.

2 두부를 으깨면서 다진 돼지고기, 다진 마늘과 함께 섞는다.

해동된 고기를 쓰면 반죽이 질어지므로 전분을 조금 더 넣어주세요.

3 전분과 소금을 섞고, 숙주나물을 더해서 반죽한다.

4 팬에 식용유를 약간 두르고 예열한 뒤 반죽을 얇게 펴서 중간 불과 약한 불을 오가며 부친다.

TIP
어른은 반죽에 고추나 청양고추를 잘게 썰어 넣으면 더 맛있어요.

국민반찬 달걀말이는 아이들 입맛에도 실패가 없지요.
달걀을 많이 써서 두툼하게 말면 더 맛있고 보기도 좋지만,
이 책에서는 아이들의 달걀 섭취량이 과해지지 않도록
달걀을 많이 쓰지 않고 작게 만들었어요.

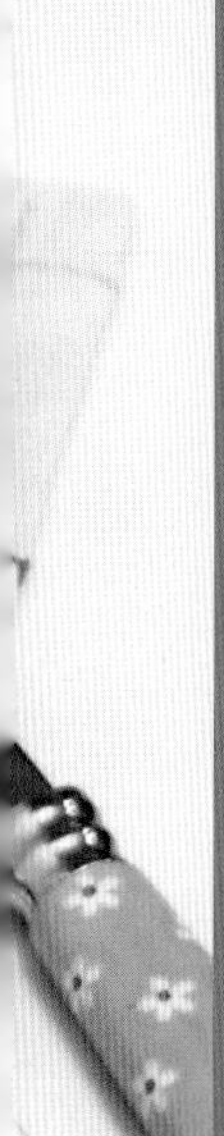

달걀말이

달걀 풀기 → 부재료 넣기 → 팬에 조금씩 부으며 말기

매끈한 달걀말이 만들기 요령

예쁜 달걀말이를 만들려면 연습이 필요해요. 충분한 예열을 하고, 키친타월로 기름을 닦아내어 팬의 면적에 전체적으로 적은 양의 기름이 골고루 묻는 것이 중요해요. 너무 높은 온도로 예열하면 처음 달걀물을 부었을 때 기포가 크게 생기고 순식간에 익어버려 잘 말기 어려워집니다. 약한 불을 유지해주세요.

달걀물을 조금씩 부어 점점 두께를 늘리는데, 부재료의 입자가 너무 큰 경우 말기가 어려우므로 곱게 다져서 넣어주세요. 레시피대로 하면 두께 1~2cm 정도의 작은 달걀말이가 완성됩니다.

채소달걀말이

♥ 재료
각종 채소 60g
달걀 2개
소금 1꼬집(생략 가능)
식용유 약간

채소를 아주 잘게
다져야 달걀물이
얇게 퍼져
쉽게 말 수 있어요.

1 채소는 모두 잘게 다진다.

2 달걀을 풀고 다진 채소를 섞는다. 간을 하려면 소금 1꼬집도 섞는다.

3 팬에 식용유를 약간 두르고 키친타월로 한 번 닦아낸 뒤 약한 불에서 충분히 예열을 하고 채소 달걀물을 얇게 붓는다.

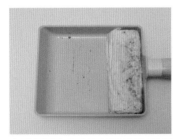

4 가장자리가 익기 시작하면 한쪽부터 조금씩 접어가며 달걀을 말고 여러 번 반복한다.

5 다 말면 한 번씩 굴리면서 모든 면을 골고루 익히고 한 김 식혀 먹기 좋게 썬다.

TIP
양파, 애호박, 당근, 파프리카 등 냉장고에 흔히 있는 채소를 활용하세요.

김달걀말이

♥ 재료
김(김밥김 사이즈) 1장
달걀 2개
식용유 약간

1 달걀을 잘 풀고 김은 4등분 또는 6등분한
다.

2 팬에 식용유를 약간 두르고 키친타월로
한 번 닦아낸 뒤 약한 불로 충분히 예열하
고 달걀물을 얇게 붓는다.

3 달걀물을 고루 퍼지게 한 뒤 가장자리를
남겨두고 김을 올린다.

4 달걀물의 가장자리가 익기 시작하면 한
쪽부터 조금씩 접어가며 말아준다.

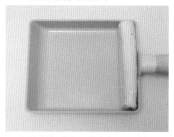

5 다 말면 한 번씩 굴리면서 모든 면을 골고
루 익히고 한 김 식혀 먹기 좋게 썬다.

치즈달걀말이

♥ 재료
아기치즈 2장
달걀 2개
식용유 약간

1 달걀을 잘 푼다.

2 팬에 식용유를 약간 두르고 키친타월로 한 번 닦아낸 뒤 예열하여 달걀물을 얇게 붓는다. 치즈를 올린다.

3 달걀물의 가장자리가 익기 시작하면 한 쪽부터 조금씩 접어가며 말아준다.

4 다 말면 한 번씩 굴리면서 모든 면을 골고루 익히고 한 김 식혀 먹기 좋게 썬다.

매생이달걀말이

♥ 재료
매생이 20g
달걀 2개
식용유 약간

1 매생이는 볼에 여러 번 헹구며 씻고 체에 밭쳐 물기를 뺀다.

가위질을 충분히 해야 달걀물 속에서 매생이가 덩어리지지 않아요.

2 달걀 2개를 잘 풀어 매생이를 넣고 여러 번 가위질해서 매생이를 잘게 자른다.

3 팬에 식용유를 약간 두르고 키친타월로 한 번 닦아낸 뒤 약한 불에서 충분히 예열을 하고 매생이달걀물을 얇게 붓는다.

4 가장자리가 익기 시작하면 한쪽부터 조금씩 접어가며 달걀을 말고 여러 번 반복한다.

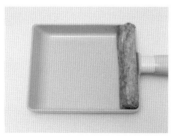

5 다 말면 한 번씩 굴리면서 모든 면을 골고루 익히고 한 김 식혀 먹기 좋게 썬다.

TIP
건조매생이의 경우 2~3g을 불려서 사용합니다.

명란달걀말이

♥ 재료
명란 1덩어리(40g)
달걀 3개
대파 30g
식용유 약간

1 대파를 다지고 명란은 갈라서 숟가락으로 알만 긁어낸다.

2 달걀 3개를 풀어 다진 대파와 명란을 섞는다.

3 팬에 식용유를 약간 두르고 키친타월로 한 번 닦아낸 뒤 약한 불에서 충분히 예열을 하고 명란달걀물을 얇게 붓는다.

4 가장자리가 익기 시작하면 한쪽부터 조금씩 접어가며 달걀을 말고 여러 번 반복한다.

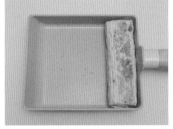

5 다 말면 한 번씩 굴리면서 모든 면을 골고루 익히고 한 김 식혀 먹기 좋게 썬다.

시금치달걀말이

♥ 재료
시금치 50g
달걀 2개
소금 2꼬집
식용유 약간

1 시금치를 끓는 물에 20초 데쳐 건지고 물기를 꼭 짠다.

2 데친 시금치를 잘게 다진다.

3 달걀을 풀고 시금치를 섞는다.

4 팬에 식용유를 약간 두르고 키친타월로 한 번 닦아낸 뒤 예열하여 달걀물을 얇게 붓고, 달걀물의 가장자리가 익기 시작하면 한 쪽부터 조금씩 접어가며 말아준다.

5 다 말면 한 번씩 굴리면서 모든 면을 골고루 익히고 한 김 식혀 먹기 좋게 썬다.

밥과 다른 재료들을 한 번에 먹을 수 있어
한 그릇 메뉴로도 손색없는 효자 메뉴예요.

밥전

달걀 풀기 → 밥과 부재료 넣기 → 예열한 팬에 부치기기

밥전 요령

달걀과 다른 재료의 비율을 맞춰주어야 부치면서 부서지지 않아요. 밥은 따뜻한 밥이든, 냉장고에서 나온 퍼석한 밥이든 괜찮아요. 부칠 때 기름을 너무 많이 두르면 느끼해지니 기름 양을 조절해주세요. 레시피의 양이라면 식용유는 처음 한 번만 둘러도 충분하답니다.

기본 밥전

♥ 재료(아이 1~2끼 분량)
밥 1/2공기(100g)
달걀 2개
각종 기본 채소 100g
소금 1꼬집(생략 가능)
식용유 약간

1 채소는 한꺼번에 곱게 다진다.

2 볼에 달걀을 풀고 밥, 채소를 모두 섞는다. 소금 1꼬집으로 간한다.

3 팬에 식용유를 약간 두르고 반죽을 덜어 중간 불과 약한 불을 오가며 얇게 부쳐낸다.

TIP

* 채소는 양파, 당근, 애호박, 브로콜리, 파프리카, 버섯 등 어떤 덩어리 채소든 괜찮아요.
* 냉동해둔 채소를 쓸 경우 해동 과정에서 물이 나와서 전이 으스러질 수 있어요.
  채소 양을 줄이거나 마른 팬에 한 번 볶아서 사용하면 좋습니다.
* 다진 고기를 추가하여 단백질을 더해줘도 좋습니다.

♥ 재료(아이 1끼 분량)

진밥 이유식 90g
달걀 노른자 1개
전분 5g
밀가루 5g
식용유 약간

이유식 밥전

반죽이 질어 뒤집다가
망치기 쉬워요.
아주 약한 불에서 덮개를
덮고 충분히 익힌 후
뒤집어주세요.

TIP

이유식 농도에 따라 가루의 양
이 달라질 수 있어요. 이유식
이 묽으면 전분과 밀가루 양을
조금씩 늘려주세요.

1 모든 재료를 볼에 넣고 섞는다.

2 팬에 식용유를 약간 두르고 약한 불로 예열을 충분히 한 뒤 반죽을 덜어 얇게 부친다.

♥ 재료(아이 1~2끼 분량)

밥 1/2공기(100g)
달걀 2개
두부 80g
김(김밥김 사이즈) 2장
소금 1꼬집(생략 가능)
식용유 약간

김두부밥전

TIP

두부는 물기를 짜기 전 무게입니다.

두부 입자가
너무 크면 부칠 때
쉽게 부서지니 손으로
잘게 으깨어주세요.

무염김일 경우
소금을 1꼬집 섞어서
간을 해주세요.
생략해도 돼요.

1 볼에 달걀을 풀고 물기를 꼭 짠 두부를 으깨어 섞는다.

2 밥과 잘게 부순 김을 섞는다.

3 팬에 식용유를 약간 두르고 반죽을 덜어 중간 불과 약한 불을 오가며 얇게 부쳐낸다.

매생이밥전

❤ 재료(아이 1~2끼 분량)

밥 1/2공기(100g)
달걀 2개
매생이 40g
양파 1/4개
당근 20g(생략 가능)
다진 마늘 1/2티스푼
식용유 약간

볶는 과정을 생략하고 반죽에 바로 섞어도 돼요.

1 매생이는 잘 씻어 채망이나 그릇에 담은 채로 가위질을 여러번 해서 잘게 자른다.

2 양파를 다져 팬에 한 번 볶아준다.

3 볼에 달걀 2개를 풀고 매생이, 밥, 2의 양파, 다진 당근, 다진 마늘을 모두 섞는다.

4 팬에 식용유를 약간 두르고 반죽을 덜어 중간 불과 약한 불을 오가며 얇게 부쳐낸다.

TIP

건매생이는 3~4g을 불려서 사용합니다.

콩나물
소고기밥전

♥ 재료(아기 1~2끼 분량)

밥 1/2공기(100g)
다진 소고기 80g
콩나물 70g
달걀 2개
다진 마늘 1/2티스푼
소금 1꼬집(생략 가능)
식용유 약간

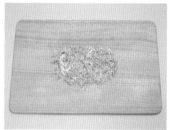

1 잘 씻은 콩나물을 잘게 다진다.

2 볼에 달걀을 풀고 밥, 콩나물, 다진 소고기, 다진 마늘을 모두 섞는다. 간을 하려면 소금 1꼬집도 섞는다.

3 팬에 식용유를 약간 두르고 반죽을 덜어 중간 불과 약한 불을 오가며 얇게 부쳐낸다.

CHAPTER 9

조림

오랫동안 조리하여 재료에 간장의 맛이 푹 배게 하는
조림요리는 짭짤한 맛으로 입맛을 돋워주지요.
조림반찬은 염도가 높기 때문에 싱겁게 조리해야 해요.
백미밥 대신 현미밥을 주면 나트륨의 배출을 도와준답니다.

짭짤한 조림반찬은 아이들에게도
밥도둑 반찬이에요.
간장 사용량을 줄이면 색은 조금 흐릿해도
재료들의 맛과 향이 살아 있어 맛있답니다.

조림반찬

[재료 손질하기] → [조림국물 부어 끓이기]

태우지 않고 조리기

조림은 오랜 시간 가열하는 동안 타지 않게만 신경 써주면 돼요. 뚜껑을 닫고 조리하고, 바닥이 타지 않게 중간중간에 한 번씩 휘저어주세요. 불이 세면 재료들이 속까지 다 익기 전에 간장물이 말라붙어버립니다. 한 번 끓고부터는 가장 약한 불로 유지해주세요.
면적이 넓은 냄비를 쓸 경우 더 빨리 국물이 졸아들어요. 재료가 다 익기도 전에 국물이 다 졸아들면 물을 조금씩 추가하면서 재료들이 다 익을 때까지 가열해주세요.

육수 사용

책에 실린 레시피는 육수를 써서 간장 사용량을 줄인 저염 조림입니다. 354쪽의 멀티 육수를 활용하거나 간단히 멸치 육수를 만들어 사용하세요.

소고기장조림

♥ 재료
소고기 300g
육수(또는 물) 400ml
마늘 5~6톨
대파 1/2대
간장 2숟가락
맛술 1숟가락(생략 가능)

1 대파는 적당히 토막 내고, 마늘은 그대로 쓰거나 편으로 썰어둔다.

2 끓는 물에 소고기 표면의 색이 옅어질 때까지만 잠깐 담가 데치고 건진다.

3 냄비에 육수 또는 물을 붓고 고기, 대파, 마늘, 간장, 맛술을 섞어 중간 불에서 끓인다.

4 보글보글 끓어오르면 약한 불로 줄여 뚜껑을 닫고 30~40분 조린다.

TIP

* 여기서는 소고기 국거리를 썼지만, 장조림이라고 반드시 퍽퍽한 부위를 쓸 필요는 없어요. 구이용 고기를 쓰면 더 부드럽고 맛있어요.
* 대파는 건져내고 식혀서 냉장보관하고, 먹을 만큼만 덜어 전자레인지에 20초 정도 돌려서 드세요.

272

메추리알조림

♥ 재료

메추리알 1판(28개)
육수(또는 물) 200ml
간장 1숟가락
조청(올리고당) 1숟가락

1 메추리알은 찬물에서부터 넣고 삶은 뒤, 찬물에 충분히 식혀 껍데기를 벗긴다.

2 냄비에 메추리알, 육수, 간장, 조청을 넣고 약한 불에서 조린다.

3 메추리알에 옅은 갈색이 입혀지면 불을 끈다.

TIP

* 조청은 동량의 올리고당이나 시판 배즙 1/3포로 대체해도 돼요.
* 깐 메추리알을 이용하면 품과 시간을 덜 수 있어요.

두부소고기조림

♥ 재료

두부(부침용) 300g
다진 소고기 60g
대파 1숟가락(생략 가능)
전분물
(물 2숟가락 + 전분 1티스푼)

<조림국물>
육수 200ml
간장 1숟가락
조청(또는 올리고당) 1숟가락

1 두부는 먹기 좋은 크기로 썰어서 양면의 물기를 톡톡 닦는다.

2 팬에 식용유를 약간 두르고 두부를 중간 불에 앞뒤로 노릇하게 부친다.

3 조림국물 재료를 모두 섞어 붓고, 다진 소고기를 흩뿌리듯 올린다.

4 소고기가 잘 익으면 파를 얹는다. 전분물을 두르고 살짝 섞어 점도가 생기면 불을 끈다.

생선무조림

❤ 재료

생선 2마리(400~500g)
무 300g
양파 1개
대파 1/2대
육수 200ml

<조림국물>
육수 200ml
다진 마늘 2숟가락
간장 3숟가락
조청(또는 올리고당) 1티스푼
맛술 1숟가락(생략 가능)

1 생선의 내장을 제거하고 배 쪽에 칼을 넣어 펼친다.

2 생선을 잘 씻은 뒤 쌀뜨물 또는 물에 30분 이상 담가 짠맛을 뺀다.

3 무, 대파, 양파를 두께 1cm 정도로 썬다.

4 육수 200ml에 무를 넣고 끓이다가 무 색이 조금 짙어지면 생선과 나머지 채소를 차례로 넣는다.

국물이 일찍 졸아들면 육수나 물을 더하세요.

5 조림국물 재료를 모두 섞어 붓고, 센 불에서 조리하다 끓기 시작하면 약한 불로 줄여 뚜껑을 닫고 40분~1시간 조린다.

TIP

여기서는 고등어를 사용했어요. 생선조림에 잘 어울리는 생선은 고등어 외에 삼치, 갈치 등이 있어요. 손질된 생선을 사용하면 편리해요.

감자조림

♥ 재료

감자 3~4개(550~600g)
양파 1/2개
육수 200ml
간장 2숟가락
조청(또는 올리고당) 1숟가락
식용유 약간

들기름(참기름) 1숟가락
깨 1티스푼

1 감자와 양파를 작고 얇게 썬다.

2 감자는 찬물에 20분 이상 담가 전분기를 빼서 건지고 헹군다.

3 팬에 육수 100ml와 감자를 넣고 약한 불에서 끓인다.

바닥이 타지 않게 계속 저어주세요.

4 육수가 다 졸아들면 식용유를 약간 두르고 양파를 추가해 중간 불로 볶는다.

감자가 다 익기 전에 육수가 졸아들면 물을 조금 추가해주세요.

5 양파가 반투명해지면 불을 줄여 육수 100ml를 더 붓고 간장과 조청을 넣고 약한 불에 조린다. 감자가 눌어붙지 않게 계속 저어준다.

6 감자가 다 익으면 불을 끄고 들기름(참기름)과 깨를 뿌려준다.

TIP

간장은 줄이거나 생략해도 돼요.

콩조림
(콩자반)

♥ 재료

서리태 100g
참기름(들기름) 1숟가락
<조림국물>
간장 2숟가락
조청(또는 올리고당) 2숟가락
육수(또는 물) 200ml

30분 먼저 취사하고 국물이 전혀 남아 있지 않을 경우, 물 50ml를 더해서 10분 더 취사해주세요.

1 콩 100g을 물에 3시간 이상 불린다.

2 불린 콩을 건져 전기밥솥에 넣고, 조림국물 재료를 모두 섞어 붓는다.

3 만능찜 모드로 40분 취사한다. 취사가 완료되면 참기름(들기름)을 둘러 섞어준다.

TIP

냄비에 조리하려면 레시피에서 물을 100ml 정도 더해서 끓이다가 약한 불로 콩이 다 익을 때까지 뚜껑을 닫고 조리면 돼요. 국물이 너무 빨리 졸아들면 물을 조금씩 추가하며 조려주세요.

버섯무조림

♥ 재료
무 300g
버섯 100g
다시마 2조각
<조림국물>
육수 450ml
간장 2.5숟가락
조청 2숟가락

1 무와 버섯을 도톰하게 썬다.

2 냄비에 무, 버섯, 다시마를 넣고 조림국물을 부어 중간 불로 끓인다.

국물이 일찍 졸아들면 육수나 물을 더하며 조리세요.

3 국물이 끓어오르면 다시마만 건져내고 약한 불로 줄여 무가 익을 때까지 40분 내외로 조린다.

연근조림

♥ 재료
연근 250g
육수 500ml
식초 1숟가락
조청(또는 올리고당) 2숟가락
간장 2숟가락
참기름(들기름) 1숟가락
깨 1티스푼

1 연근은 감자칼로 껍질을 벗기고 얇게 썰어 식초 1숟가락을 섞은 물에 30분 담가둔다.

2 냄비에 연근 육수, 간장을 넣고 중간 불에서 끓인다.

연근이 다 익기 전에 육수가 빠르게 졸아들면 불을 줄이고 물을 조금 추가해주세요.

3 육수가 얇게 졸아들면 바닥에 눌어붙지 않게 저으면서 약한 불에 졸이고, 마지막에 조청, 참기름, 깨를 뿌려 잘 섞고 불을 끈다.

우엉조림

♥ **재료**

우엉 1대(200g 전후)
육수 300ml
간장 2숟가락
조청(또는 올리고당) 1숟가락
참기름(들기름) 1숟가락
깨 1티스푼

우엉은 갈변이 매우 빨라서 써는 동안에 갈변되는데, 성분이나 맛에는 문제없어요.

1 우엉은 감자칼로 껍질을 벗기고 씻어낸 뒤 가늘게 채 썬다.

2 채 썬 우엉, 육수, 간장을 중간 불에서 끓인다.

우엉이 다 익기 전에 육수가 졸아들면 물을 조금 추가하고 잠깐씩 뚜껑을 덮어 익혀주세요.

3 육수가 얕게 졸아들면 바닥에 눌어붙지 않게 저으면서 약한 불에 졸인다.

4 우엉이 다 익고 국물이 없어지면 조청을 섞어 불을 끄고 참기름과 깨를 뿌려 섞는다.

CHAPTER 10

튀김

"튀기면 신발도 맛있다."라는 말이 있죠.
그만큼 고온의 기름에 튀기면 무엇이든 맛있어집니다.
튀김을 너무 자주 먹으면 몸에 좋지 않지만,
아이가 별로 좋아하지 않는 재료와 친해졌으면 할 때
활용해볼 수 있는 조리법입니다.

바삭하고 고소한 튀김요리는
특별한 날의 메뉴로 손색이 없지요.
모든 레시피는 기름에 튀길 때 가장 맛있지만,
에어프라이어를 활용하여 조금 더 건강하게
만들 수도 있어요.

튀김요리

재료 손질하기 → 튀김옷 입히기 → 튀기기 → 먹기 전 한 번 더 튀기기

튀김 반죽 팁

튀김가루로 반죽을 만들 때에는 차가운 물을 써야 바삭한 튀김옷을 만들 수 있어요. 차가운 탄산수면 더 좋아요.

눅눅해진 튀김 살리기

미리 튀겨둔 튀김은 공기 중의 습기를 머금고 재료 자체의 습기도 빠져나와 눅눅해져요. 기름에 튀겼던 튀김은 한 번 더 기름에 단시간에 튀기거나 에어프라이어에 재가열해서 드세요.

튀김의 세 가지 방법

① 재료를 그대로 튀기기 : 감자나 고구마는 재료를 얇게 썰고 표면에 기름을 묻혀 에어프라이어로 튀기거나 곧바로 기름에 튀길 수 있어요. 에어프라이어에서는 재료끼리 달라붙지 않도록 미리 재료의 전분기를 빼주고, 튀기는 중간중간에 뒤섞어주세요.
② 묽은 튀김옷을 입혀 튀기기 : 튀김가루에 찬물을 섞은 반죽을 만들어 재료를 담갔다가 곧바로 기름에 튀기는 방법이에요. 튀김옷이 묽어 에어프라이어에는 튀길 수 없어요.
③ 빵가루를 입혀 까슬하게 튀기기 : 재료의 표면에 밀가루-달걀물-빵가루 순으로 묻혀 기름이나 에어프라이어에 튀기는 방법이에요.

기름 온도 재는 방법

온도계가 없다면 반죽을 살짝 떨어뜨려 온도를 가늠해보세요. 반죽 한 방울을 떨어뜨렸을 때 4~5초 정도 걸려서 표면에 떠오르면 160℃, 2초 만에 떠오르면 170℃입니다. 반죽이 곧바로 노릇하게 익어버린다면 너무 온도가 높은 것이고, 한참 걸러도 떠오르지 않는다면 아직 에열이 덜 된 것입니다. 온도가 너무 올라간 경우 상온의 기름을 조금 섞으면 온도를 빨리 낮출 수 있어요.
재료를 한꺼번에 많이 넣고 튀기면 온도가 급속도로 낮아져 나중에 넣은 튀김이 상대적으로 눅눅하게 익을 수 있으니 냄비를 가득 채우기보다는 조금씩 튀겨 건지는 것이 좋아요.

깨끗하게 튀기기

튀기다가 기름에 남게 되는 튀김옷 조각들을 채망으로 건지면서 요리하면 예쁜 튀김을 만들 수 있어요.

폐기름을 덜 해롭게 처리하기

폐우유팩이나 안 쓰는 유리병에 기름을 붓고 요리하면서 사용한 키친타월 등을 틈틈이 모아 기름이 종이에 모두 스미면 일반쓰레기로 배출해주세요. 플라스틱 용기는 기름에 화학반응을 일으켜 녹을 수 있으니 쓰지 마세요.

♥재료

고구마 원하는 만큼
식용유 약간

고구마스틱

굵기를 일정하게
해야 골고루
좋은 식감으로
익힐 수 있어요.

가늘어서 금방
탈 수 있으므로
7분 부터는 열어보며
굵기 정도를 살피면서
섞어주세요.

1 고구마 껍질을 벗기고 가늘게 채 썰어 15
분 동안 물에 담가 전분기를 빼고 잘 헹군
다.

2 표면의 물기를 제거하고 식용유 1~2숟가
락을 뿌려 표면에 골고루 묻힌다.

3 에어프라이어 180℃에 10분 내외로 튀긴
다(오븐 200℃ 15분).

♥재료

감자 원하는 만큼
소금 약간(생략 가능)
식용유 약간
파슬리가루 약간(생략 가능)

감자튀김

굵기를 일정하게
해야 골고루
좋은 식감으로
익힐 수 있어요.

10분부터는 열어보며
굵기 정도를 살피면서
섞어주세요.

1 감자 껍질을 벗기고 채 썰어 15분 이상 물
에 담가 전분기를 빼고 잘 헹군다.

2 표면의 물기를 제거하고 식용유 1~2숟가
락과 파슬리가루를 뿌려 표면에 골고루
묻힌다.

3 에어프라이어 180℃에 15분 내외로 튀긴
다(오븐 190℃ 20분).

깻잎튀김

♥ 재료

깻잎 10장 내외
튀김가루 80g
찬물(또는 탄산수) 120ml
식용유 충분히

반죽의 두께가 너무 두꺼워지지 않도록 살짝 털어주세요.

1 깻잎을 씻어 앞뒷면 물기를 제거한다.

2 볼에 튀김가루와 찬물을 섞어 반죽하고 깻잎을 담가 앞뒷면에 고루 묻힌다.

3 160℃의 식용유에 1분 튀기고, 먹기 전에 170℃에 1분 더 튀긴다.

단호박튀김

♥ 재료

단호박 1/2통
튀김가루 80g
찬물(또는 탄산수) 120ml
식용유 충분히

빵가루를 입혀 에어프라이어나 오븐에 튀겨도 맛있어요.

1 단호박을 전자레인지에 3분만 쪄서 씨를 파내고 5mm두께로 썬다.

2 볼에 튀김가루와 찬물을 섞어 반죽하고 단호박을 담가 반죽을 묻힌다.

3 160℃의 식용유에 3분 튀기고, 먹기 전에 170℃에 1분 더 튀긴다.

❤ 재료
연근 200~300g
튀김가루 80g
찬물(또는 탄산수) 120ml
식용유 충분히

연근튀김

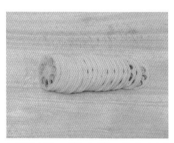

빵가루를 입혀
에어프라이어나
오븐에 튀겨도
맛있어요.

1 연근의 겉 표면을 감자칼로 얇게 깎아내고, 5mm 두께로 썬다.

2 볼에 튀김가루와 찬물을 1:1.5의 비율로 섞어 반죽하고 연근을 담가 묻힌다.

3 160℃의 식용유에 2분 튀기고, 먹기 전에 170℃에 1분 더 튀긴다.

❤ 재료
연근 원하는 만큼

연근칩

두께가 얇아
금방 탈 수 있으므로
중간에 열어보고 위아래로
골고루 섞어주세요.

1 연근의 겉면을 감자칼로 얇게 깎아내고, 최대한 얇게 썬다.

2 끓는 물에 2분 정도 데쳐 건지고 물기를 제거한다.

3 에어프라이어에 넣고 150℃에 8~10분 튀긴다(오븐 130℃ 20분).

돈가스

♥ 재료
돼지고기(돈가스용) 300g
달걀 1개
밀가루 3숟가락
빵가루 1컵
소금 약간
후추 약간
식용유 충분히

TIP
돈가스용으로 얇게 손질된 고기로 구매하는 것이 좋고 등심보다 안심이 더 부드러워요.

두꺼운 고기는 잘 드는 칼로 얇게 슬라이스해주세요.

밀가루가 뭉치지 않도록 밀가루를 묻힌 뒤에 살살 털어주세요.

깨 튀기고 썰어서 익은 정도를 살펴 튀기는 시간을 조절해주세요.

1 고기를 펼쳐 칼로 여러 번 두드려 칼자국을 촘촘히 내주고, 소금과 후추를 앞뒷면에 1꼬집씩 뿌린다.

2 고기 표면의 물기를 닦아내고 밀가루, 달걀물, 빵가루를 순서대로 입힌다.

3 170℃의 식용유에 2~3분 노릇하게 튀긴다. 에어프라이어로는 180℃에 13~18분 튀긴다.

탕수육

♥ 재료
돼지고기(잡채용) 300g
튀김가루 60g
찬물(또는 탄산수) 100ml
소금 1꼬집(생략 가능)
후추 1꼬집(생략 가능)
식용유 충분히

TIP
잡채용 돼지고기를 사용하면 가늘어서 아이들이 먹기 좋아요. 안심이나 등심을 원하는 굵기로 썰어서 사용해도 좋습니다.

기름에 넣을 때 한꺼번에 넣으면 반죽끼리 들러붙어 큰 덩어리가 되므로 겹치지 않도록 하나씩 천천히 넣어주세요.

1 볼에 튀김가루와 찬물(탄산수)을 섞어 반죽하고, 간을 하려면 소금 1꼬집과 후추 1꼬집을 섞는다.

2 돼지고기를 넣고 섞어 반죽이 표면에 고루 묻게 한다.

3 160℃의 식용유에 1분 30초~2분 튀겨 탕수육소스를 곁들여 낸다(347쪽 참조).

멘치가스

♥ 재료
다짐육(소고기+돼지고기) 300g
양파 30g
다진 마늘 1티스푼
빵가루 1컵 반
소금 3꼬집
후추 1꼬집

1 다진 고기, 다진 양파, 다진 마늘, 소금, 후추를 볼에 넣고 섞는다. 빵가루 1숟가락을 넣고 고루 반죽한다.

2 반죽을 둥글게 또는 납작하게 빚어 밀가루, 달걀물, 빵가루를 순서대로 입힌다.

식용유에 튀기면 더 맛있어요 (170℃에 3~4분).

3 에어프라이어 200℃에 10분 굽는다 (220℃로 예열한 오븐에 15분).

TIP
다짐육은 소고기와 돼지고기를 1:1로 섞는 것이 맛있어요. 그러나 둘 중 한 가지만 있을 땐 한 가지만 써도 돼요.

응용 메뉴

미트볼
과정 2에서 튀김옷을 입히지 않고 가열시간과 조리 시간을 같게 하여 미트볼을 만들 수 있어요. 미트볼은 345쪽의 토마토소스를 곁들이거나 그대로 반찬으로 줘도 좋아요.

생선카레튀김

♥ **재료**

전부침용 생선(동태, 대구 등) 200g
달걀 1개
카레가루 1숟가락
맛술 1숟가락
소금 1꼬집(생략 가능)
밀가루 2숟가락

빵가루 1컵
식용유 충분히

카레 가루에
짠맛이 있으므로
소금은
생략해도 돼요.

튀김이 부담된다면
식용유를 충분히
두른 팬에 부치듯
익혀도 괜찮아요.

1 볼에 맛술, 소금, 카레 가루를 섞고 표면의 물기를 제거한 생선을 버무려 10분 재운다.

2 밀가루, 달걀물, 빵가루를 순서대로 묻힌다.

3 170℃의 식용유에 2분 튀기고, 먹기 전에 짧게 한 번 더 튀긴다(에어프라이어 200℃ 8~10분).

TIP

* 351쪽의 타르타르소스가 잘 어울려요.
* 전부침용으로 얇게 손질된 생선이 빨리 익어서 좋지만, 덩어리로 된 생선도 적당한 두께나 굵기로 썰어서 사용할 수 있어요.
* 카레가루는 첨가물 종류가 적은 제품으로 구입하세요.

응용 메뉴

생선카레부침
빵가루를 입히지 않고 달걀물까지만 묻혀 식용유를 두른 팬에 부쳐 내도 맛있어요.

새우튀김

♥ 재료
새우 20마리 내외
달걀 1개
밀가루 2숟가락
빵가루 1컵
식용유 약간

1 새우는 머리와 껍데기를 모두 제거하고 꼬리만 남겨 물기를 닦는다.

2 비닐봉투에 새우와 밀가루를 넣고 흔들어 밀가루가 새우 표면에 고루 묻게 한다.

3 새우에 달걀물과 빵가루를 차례로 묻힌다.

오일 스프레이를 뿌려 튀기면 더 맛있어요. 8분 이후에는 열어보며 시간을 추가해주세요.

4 에어프라이어 180℃에 10~15분 튀긴다.

TIP
351쪽의 타르타르소스가 잘 어울려요.

치킨

♥ 재료

닭고기 300g
전분 40g
밀가루 40g
빵가루 1컵
소금 약간
찬물(또는 탄산수) 80ml
식용유 약간(생략 가능)

신선한 닭고기는 이 과정을 생략해도 잡내가 심하지 않아요. 허브를 약간 뿌려줘도 좋아요.

1 닭고기를 잘 씻어 소금 2꼬집을 넣은 우유에 20분 담가둔다.

2 전분, 밀가루, 찬물(탄산수), 소금 3꼬집을 섞어 반죽을 한다.

3 우유에서 건져 씻은 닭고기의 물기를 제거하고, 반죽에 담갔다가 빵가루를 묻힌다.

오일 스프레이를 뿌려 튀기면 더 맛있어요. 중간부터 굽기 정도를 봐서 시간을 조절해주세요.

4 에어프라이어 200℃에 15분 튀기고 뒤집어서 8~12분 더 튀긴다.

TIP

* 닭고기는 아이들이 좋아하는 다리, 윙 부위나 토막으로 손질된 1마리도 좋아요. 순살로 하려면 닭다리살이나 안심살을 쓰세요. 순살 고기는 미리 썰어주세요.
* 밀가루와 전분을 합친 만큼의 튀김가루를 사용해도 좋아요.
* 완성된 치킨을 349쪽의 허니갈릭소스를 조린 팬에 넣고 볶듯이 버무려 먹거나 허니머스터드소스를 곁들여 먹어도 맛있어요.

가라아게 (닭튀김)

❤️ 재료

닭다리살(또는 닭안심) 300g
튀김가루 60g
찬물(또는 탄산수) 100ml
소금 1꼬집(생략 가능)
후추 1꼬집(생략 가능)
식용유 충분히

기름에 넣을 때 한꺼번에 넣으면 반죽끼리 들러붙으므로 겹치지 않도록 하나씩 천천히 넣어주세요.

1 닭다리살의 껍질과 비계를 제거하고 잘 씻어 먹기 좋은 크기로 썬다.

2 볼에 튀김가루와 찬물을 섞어 반죽한다. 간을 하려면 소금과 후추도 섞는다. 닭고 기를 반죽에 넣고 섞어 반죽이 표면에 고 루 묻게 한다.

3 160℃의 식용유에 3분 정도 튀긴다.

굴튀김

❤️ 재료

굴 300g
밀가루 3숟가락
달걀 2개
빵가루 2컵
파슬리가루 1티스푼
(생략 가능)
맛술 1숟가락(생략 가능)
식용유 충분히

굴은 굵은소금을 넣고 흔들어 씻고 여러 번 헹궈주세요.

파슬리가루를 빵가루에 섞어주면 더 먹음직스러워요.

1 잘 씻은 굴을 맛술 1숟가락과 함께 볼에 넣고 버무려 20분 재워둔다.

2 밀가루, 달걀물, 빵가루를 차례로 묻힌다.

3 160℃의 식용유에 1분 30초 튀겨 건져낸 다. 에어프라이어에서는 180℃에 8~10 분 튀긴다.

아란치니

♥ 재료

밥 400g
각종 채소 140g
다진 소고기
(또는 돼지고기) 100g
아기치즈 2장
달걀 2개

밀가루 2숟가락
빵가루 1컵 반
식용유 약간(생략 가능)

1 각종 채소는 한꺼번에 다진다.

2 팬에 식용유를 약간 두르고 1을 중간 불에 볶다가 다진 소고기를 넣고 함께 볶는다.

치즈는 밥알이 흩어지지 않도록 잡아 줍니다.

3 재료가 다 익으면 불을 끄고 밥을 넣어 골고루 섞어주다가 치즈 2장도 녹이면서 섞는다.

4 3을 먹기 좋은 크기로 뭉치고 밀가루, 달걀물, 빵가루를 차례로 묻힌다.

에어프라이어에 넣기 전에 오일 스프레이를 뿌리면 더 맛있어요.

5 에어프라이어 170℃에 10분 굽거나 160℃의 식용유에 2분 튀긴다.

TIP

* 채소는 당근, 파프리카, 양파, 애호박 등 냉장고의 채소를 활용하세요. 총량만 맞춰주면 돼요.
* 355쪽의 멀티 볶음을 활용하면 아란치니 과정 1~2는 생략 가능합니다.

응용 메뉴

치즈주먹밥
튀김 과정을 생략하고 주먹밥이나 볶음밥으로 먹어도 돼요.

핫도그

💙 재료
손가락 두 마디 사이즈 소시지 10개
핫케이크가루 120g
우유 80ml
식용유 충분히

1 끓는 물에 소시지를 넣고 2~3분 데친 후
건져 물기를 제거한다.

2 핫케이크가루 120g과 우유 80ml를 섞어
반죽을 만든다.

3 소시지에 나무막대를 꽂고 믹싱볼의 둥
근 면을 이용하여 돌리면서 반죽을 골고
루 묻힌다.

4 160℃의 식용유에 2분 튀긴다.

TIP

빵가루를 묻혀 에어프라이어에서
튀기면(170℃에서 7~8분) 까슬이
핫도그가 돼요.

CHAPTER 11

김치와 절임

한국인의 식탁에 빠지지 않는 김치와 절임은
염도가 높은 식품이기 때문에 아이에게는
염분을 많이 낮추어 싱거운 김치를 만들어줍니다.

김치를 직접 만들 엄두가 나지 않을 수 있지만 생각보다 어렵지 않아요.
파프리카를 사용하면 맵지 않으면서 그럴듯한 김치를 만들 수 있지요.
빨간 음식은 무조건 맵다는 편견을 떨쳐낼 수 있게 유도해보세요.

아이 김치

주재료 절이기 → 부재료 준비하기 & 양념 만들기 → 버무리기 → 숙성하기

김치가 맛있는 계절

김장을 초겨울에 하는 것에서 알 수 있듯, 김치의 재료들은 초겨울에 가장 맛있기 때문에 이때 담근 김치가 가장 맛있어요. 특히 여름 무는 아린 맛이 강하기 때문에 아이 김치로 만들면 조금 매울 수 있어요. 짠맛과 단맛을 조금 세게 하면 이를 조금 보완할 수 있습니다.

신 김치 소진하기

잘 발효된 김치는 한 달 정도 두고 먹을 수 있지만 저염으로 만들기 때문에 너무 빨리 시어버릴 수도 있어요. 신 김치는 김치전(248쪽 참조)이나 김치볶음(198쪽 참조)을 해먹으면 맛있어요. 김치볶음밥(42쪽 참조)을 만들어 달걀을 곁들여 먹어도 좋아요.

배추김치

♥ 재료

배추 700g
무 150g
당근 30g(생략 가능)

<절임물>
물 1.2L
소금 50g

<양념>
배 1/2개
사과 1/2개
양파 1개
마늘 5톨
액젓 3숟가락

<쌀풀>
물 50ml
쌀가루
(또는 찹쌀가루)
1티스푼

배추가 잘 잠기게 윗부분을 접시로 눌러주세요.

쪽파를 더하면 더 보기 좋아요.

1 배추를 잘 씻어서 뿌리 쪽에 칼집을 넣고 절임물에 하루 동안 절인다.

2 무와 당근을 채 썬다.

3 작은 냄비에 물 50ml와 쌀가루 1티스푼을 뭉치지 않게 풀고 약한 불에 끓여 풀을 만든다. 끓으면 바로 불을 끈다.

4 양념 재료와 찹쌀풀을 모두 믹서에 넣어 곱게 간다.

5 절여진 배추를 헹궈서 큼직하게 썰고 볼에 담는다. 4를 부어 버무린다.

6 보관 용기에 옮겨 여름엔 2~3시간, 겨울엔 하루 동안 상온에 두었다가 냉장보관한다.

TIP

* 당근은 색깔을 더하기 위해 넣어주었어요. 생략해도 괜찮아요.

* 저염 김치는 맛이 천천히 들지만 익기 시작하면 빨리 쉽니다. 익은 김치는 최대한 빨리 소진해주세요.

응용 메뉴

빨간 김치
양념 재료에 파프리카페이스트(343쪽 참조) 1~2숟가락만 섞어주면 돼요. 매운 김치를 먹기 전 연습용으로 좋아요.

깍두기

❤ 재료

무 300g
파프리카 1/3개
사과 1/2개
쌀가루(또는 찹쌀가루) 1티스푼
다진 마늘 1티스푼
소금 1숟가락

매실청 2숟가락
액젓 1티스푼(생략 가능)
물 100ml

무를 잘게 썰면 간이 잘 배요.

1 사방 1cm 이내로 무를 작게 썰고, 볼에 옮겨 소금 1숟가락과 버무려 1시간 정도 절인다.

2 작은 냄비에 물 50ml와 쌀가루 1티스푼을 뭉치지 않게 풀고 약한 불에 끓여 풀을 만든다. 보글보글 끓으면 바로 불을 끈다.

3 믹서에 사과, 파프리카, 물 50ml를 넣고 곱게 간다.

매실청은 동량의 올리고당이나 절반 분량의 설탕으로 대체 가능하며, 액젓은 생략 가능해요.

4 1에 3과 식은 쌀풀을 넣고 다진 마늘, 매실청, 액젓을 넣고 골고루 버무린다.

5 보관 용기에 옮겨 여름에는 2~3시간, 겨울에는 하루 동안 상온에 뒀다가 냉장보관한다.

TIP
* 파프리카는 파프리카페이스트(343쪽 참조) 1티스푼으로 대체하면 향과 맛이 더 좋아요.
* 김치를 싫어하는 아이일수록 색은 옅고 맛은 달착지근한 게 좋아요. 아이가 파프리카 향에 민감하다면 파프리카를 빼고 흰 깍두기로 만들 수도 있습니다.

나박김치

💙 재료

무 300g
물 200~300ml
파프리카 1/4개
사과 1/2개
배 1/2개
소금 1티스푼

액젓 1티스푼
<쌀풀>
물 50ml
쌀가루(또는 찹쌀가루) 1티스푼

1 무를 작고 얇게 썰어 볼에 담고 소금을 골고루 버무려 1시간 정도 절인다.

2 작은 냄비에 물 50ml와 쌀가루를 뭉치지 않게 풀고 약한 불에 끓여 풀을 만든다. 보글보글 끓으면 바로 불을 끈다.

3 파프리카, 사과, 배, 쌀풀을 물 100ml와 함께 곱게 간다.

4 무를 한 번 헹궈 다시 볼에 담고 3을 체에 걸러 내린 맑은 국물만 섞는다.

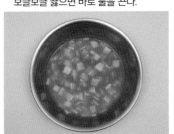

5 액젓을 섞고 물 100~200ml를 더해서 밀폐 용기에 담아 상온 숙성 후 냉장한다.

TIP

* 파프리카 향을 싫어하는 아이는 파프리카페이스트(343쪽) 1티스푼으로 대체하거나 아예 빼주세요.
* 쪽파나 부추를 썰어 넣어줘도 좋아요.
* 여름에는 2~3시간, 겨울에는 하루 정도 상온 숙성 후 냉장하고 3주 이내에 드세요.

동치미

♥ 재료

무 500g   <양념>
쪽파 3대   배 150g
소금 1숟가락   사과 150g
       양파 80g
       물 100ml

1 무를 먹기 좋은 크기로 썰고 소금을 뿌려 30분 이상 절인다.

무거운 것으로 눌러 놓거나 손으로 꾹 짜주세요.

2 양념 재료를 모두 믹서에 갈고 면보나 거즈수건을 활용하여 즙만 내린다.

3 깊이 있는 그릇에 1과 2를 넣고 쪽파도 썰어 넣는다.

남은 배와 사과를 껍질채 썰어 넣어도 좋아요.

4 모든 재료가 잠길 만큼 물을 붓는다. 상온에서 여름에는 반나절, 겨울에는 하루 두었다가 냉장보관한다.

TIP

저염 동치미는 맛이 아주 천천히 듭니다.
일주일 이상 숙성시켜 먹으면 좋아요.

응용 메뉴

핑크동치미
비트를 1~2조각 넣어주면 핑크색의
예쁜 동치미를 만들 수 있어요.

집에서 만드는 절임 반찬은
어른 것보다 덜 자극적이지만
먹다보면 자꾸 손이 가는 맛이에요.
한 병 만들어 두면
상큼한 반찬이 필요할 때 유용하지요.

절임

주재료 썰어서 병에 넣기 → 촛물 끓이기 → 병에 붓기

보관 기간

최대 2주 정도 냉장보관이 가능하지만 되도록이면 열흘 내에 소진하길 권해요. 저염이기 때문에 한 번에 너무 많이 하지 말고, 뚜껑을 자주 열었다 닫았다 할수록 저장 기간은 짧아지니 최대한 빨리 드세요.

보관 용기

내열 재질의 유리 용기가 있다면 좋지만 그렇지 않다면 식은 후에 밀폐 용기로 옮겨 밀폐하면 됩니다.

단무지
(치킨무)

♥ 재료
무 400g
물 400ml
식초 80ml
설탕 3숟가락
소금 1숟가락

TIP
저염단무지이므로 저장 기간이 길지 않아요.
2주 이내에 소진하세요.

1 무를 일정한 굵기로 길게 썰어 내열용기에 담는다.

2 냄비에 물 400ml, 식초 80ml, 설탕 3숟가락, 소금 1숟가락을 넣고 끓인다.

3 끓어오르면 무가 담긴 용기에 붓는다. 무가 떠오르지 않도록 작은 접시 등을 올려 밀폐하여 하루 숙성 후 냉장보관한다.

토마토절임

♥ 재료
토마토(방울토마토) 300g
<절임물>
배즙 100ml(342쪽 참조)
레몬즙(또는 식초) 50ml
올리고당(또는 조청)
1티스푼(생략 가능)
들기름(참기름) 1티스푼
간장 1티스푼

TIP
* 시판 배즙을 쓰는 경우 올리고당은 생략해주세요.
* 냉장보관하고 5일 내에 소진하세요.

큰 토마토는 작게 썰어 과육 부분만 담으세요.

하루 냉장 숙성하면 더 맛있어요.

1 토마토는 아래꼭지에 칼집을 내어 끓는 물에 10초간 데쳐 껍질을 벗긴다.

2 절임물 재료를 모두 잘 섞는다.

3 토마토를 밀폐 용기에 담고 2를 붓는다.

오이피클

🖤 재료
오이 1개
<절임물>
물 300ml
식초 60ml
설탕 1숟가락
소금 1티스푼
간장 1티스푼
피클링 스파이스
(또는 통후추, 생략 가능)
1티스푼

> 피클링 스파이스는
> 피클 향을 더해주지만
> 생략해도 좋아요.
> 통후추가 있다면
> 같이 끓여주세요.

> 상온에서
> 하루 숙성하여
> 냉장보관하고
> 3주 이내에
> 소진하세요.

1 오이를 적당한 두께로 썬다.

2 냄비에 절임물 재료를 모두 넣고 끓인다.

3 미리 열탕 소독한 유리병에 오이를 담고, 끓인 식초물을 오이가 잠기도록 붓는다.

비트피클

🖤 재료
비트 50g
무 100g
양배추 70g
양파 40g
물 400ml
식초 80ml
설탕 3숟가락
소금 1숟가락

TIP
채소 재료의 비율을 꼭 지키지 않아도 됩니다.
집에 있는 재료로 유연하게 더하거나 빼주세요.

> 상온에서
> 하루 숙성하여
> 냉장보관하고
> 3주 이내에
> 소진하세요.

1 재료를 모두 깍둑썰기 하여 미리 열탕 소독한 유리병이나 내열용기에 담는다.

2 냄비에 물, 식초, 설탕, 소금을 넣고 끓인다.

3 끓어오르면 1에 붓고 밀폐한다.

CHAPTER 12

빵·디저트·음료

아이들이 가장 좋아하는 간식, 빵, 과자, 주스!
저급 원료나 첨가물 걱정 없이
우리 아이에게 맛있는 간식을 쉽게 만들어 줄 수 있답니다.

간단한 반죽으로 만드는 건강한 빵과 쿠키로
즐거운 간식 시간을 만들어주세요.

빵
쿠키

빵 만들기

반죽하기 → 틀에 넣기 → 굽기

쿠키 만들기

반죽하기 → 모양 만들기 → 굽기

베이킹파우더 사용

베이킹파우더는 화학적으로 빵이나 쿠키를 부풀게 해요. 이 책에서는 아주 소량만 사용하고 있어 어른이 먹는 빵처럼 부풀지 않아요. 대부분의 메뉴에서 1/2티스푼만 사용하고 있어요.

베이킹 팁

레시피에 적혀 있는 온도와 시간을 그대로 했는데도 타거나 덜 익을 수 있어요. 베이킹을 처음 할 땐 타이머가 다 돌아가기 전에 몇 번씩 상태를 확인해 보는 것이 좋아요. 장비에 따라 조금씩 출력이 다르기 때문에 결과물이 탔다면 다음번에는 온도와 시간을 조금씩 줄이고, 덜 익었다면 조리 시간을 늘려주세요.

채소머핀

💜 재료(아기 주먹 크기 3개 분량)

밀가루 65g

고구마 40g

애호박 30g

양파 80g

우유(또는 두유) 40g

설탕 5g(생략 가능)

베이킹파우더 1/2티스푼(생략 가능)

식용유 12g

1 고구마, 애호박, 양파를 잘게 썬다.

2 팬에 식용유를 조금만 두르고 양파를 엷은 갈색이 되도록 볶는다.

3 볼에 밀가루, 우유, 식용유, 베이킹파우더, 설탕을 넣고 잘 섞는다.

4 3에 2와 고구마, 애호박을 넣고 섞는다.

한 김 식히면 틀에서 잘 떨어져요.

5 반죽을 틀의 2/3높이까지 넣고 에어프라이어 160℃에 15분 굽는다(오븐 180℃ 15~20분).

TIP

밀가루는 박력분을 쓰면 식감이 가장 좋지만 쌀가루나 중력분, 통밀가루를 써도 괜찮아요.

크랜베리 호두머핀

♥ 재료(아기 주먹 크기 4개 분량)

밀가루(박력분) 40g	우유(또는 두유) 20ml
아몬드가루 40g	설탕 15g
버터 60g	베이킹파우더 1/2티스푼
달걀 1개	시나몬가루 1꼬집(생략 가능)
호두 30g	
크랜베리 20g	

냉장고에서 막 꺼낸 버터의 경우 전자레인지에 15초 돌려서 사용하세요.

1 상온에서 적당히 녹은 버터에 설탕과 달걀을 섞는다.

2 밀가루, 아몬드가루, 베이킹파우더를 1에 체친다.

반죽은 누르지 말고 주걱을 세워서 썰듯이 섞어주세요.

3 우유를 부어 가루가 고루 섞이도록 반죽한다.

4 으깬 호두와 잘게 썬 크랜베리를 섞는다.

한 김 식히면 틀에서 잘 떨어져요.

5 반죽을 틀에 2/3높이 만큼만 채워넣고 에어프라이어 160℃에 10~15분 굽는다(오븐 180℃ 10~15분).

TIP

* 밀가루는 박력분을 쓰면 식감이 가장 좋지만 쌀가루나 중력분, 통밀가루를 써도 괜찮아요.

* 설탕은 아이의 입맛에 따라 늘리거나 줄여주세요.

* 호두는 다른 견과류로, 크랜베리는 다른 건과일로 대체 가능해요.

아몬드쿠키

♥ 재료(아기 손바닥 크기 12~15개 분량)

밀가루(박력분) 40g   설탕 10g
아몬드가루 40g   베이킹파우더 1/2티스푼
버터 50g   (생략 가능)
달걀 노른자 1개
아몬드 20g
크랜베리 10g(생략 가능)

설탕이 다 녹지 않아도 됩니다. 주걱질을 최소한으로 해주세요.

1 상온에서 적당히 녹은 버터에 설탕을 섞는다.

2 노른자를 추가해서 섞는다.

반죽은 누르지 말고 주걱을 세워서 썰듯이 섞어주세요.

3 박력분, 아몬드가루, 베이킹파우더를 2에 체 쳐서 섞은 뒤, 아몬드와 크랜베리를 잘게 다져 섞는다.

반죽을 단단하게 만들어 성형하기 좋게 만드는 과정입니다.

4 손으로 둥근 기둥모양을 만들어 종이포일에 싸서 냉장고에 30분 휴지시킨다.

5 냉장실에서 꺼낸 반죽을 먹기 좋은 크기로 썰어 모양을 다듬고 에어프라이어 150℃에 9~12분 굽는다(오븐 170℃ 10~15분).

TIP

* 아몬드는 다른 견과류로, 크랜베리는 다른 건과일로 대체 가능해요.

* 설탕은 아이의 입맛에 따라 더하거나 줄여주세요.

* 냉장고에서 막 꺼낸 버터를 바로 쓰려면 전자레인지에 15초 돌려주세요.

피넛버터쿠키

♥ 재료(아기 손바닥 크기 12~15개 분량)

피넛버터 80g
아몬드가루 40g
밀가루(박력분) 40g
달걀 1개
설탕 7g
베이킹파우더 2g(생략 가능)

1 피넛버터에 설탕을 섞는다.

2 아몬드가루, 박력분, 베이킹파우더를 1에 체치고 달걀과 함께 반죽한다.

3 동글납작한 모양으로 성형하여 에어프라이어 160℃에 8분 굽는다(오븐 180℃ 8~10분).

TIP
무염 무가당 피넛버터를 사용한 레시피입니다. 당류가 첨가된 피넛버터의 경우
설탕은 줄이거나 생략해주세요.

GOOD MORNING

시판 식빵을 활용하여 맛있는
토스트와 샌드위치를 만들어보세요.
쉽고 맛있는 브런치나
도시락 메뉴로 좋습니다.

토스트
샌드위치

내용물 만들기 → 빵 굽기 → 샌딩하기

식빵 준비

갓 구입한 식빵은 그대로 사용해도 맛있지만 냉동했던 빵은 퍼석할 수 있어요. 빵이 다 해동되기 전에 마른 팬에 올려 약한 불에 앞뒤로 노릇하게 구우면 겉은 바삭하고 속은 폭신한 식빵으로 부활합니다. 버터를 사용하여 구우면 더욱 고소하지요. 바삭바삭하고 까슬까슬한 식감을 어려워하는 아이는 보온밥솥에 잠시 넣어두었다가 주세요. 촉촉하고 부드럽게 해동됩니다.

길거리토스트

♥ 재료(2~3개 분량)

식빵 4~6장   소금 2꼬집(생략 가능)
양배추 150g   식용유 약간
당근 30g
달걀 3개
과일잼 약간
케첩 약간

1 양배추와 당근은 최대한 얇고 가늘게 채 썬다.

> 물이 고였을 경우 따라내세요.

2 볼에 양배추와 당근을 담고 소금을 뿌려 버무리고 20분간 숨이 죽도록 두었다가 달걀을 풀어 골고루 섞는다.

> 고소한 맛을 내면서 으스러지지 않게 하려면 뚜껑을 닫고 약한 불에 오래 부쳐야 해요.

3 팬에 식용유를 약간 두르고 2를 얇게 펴 약한 불에 앞뒤로 부친다.

> 식빵을 한 번 구워서 만들면 더 맛있어요.

4 식빵 한쪽 면에 잼을 바르고 식빵 크기에 맞춰 자른 양배추부침을 올린다.

5 케첩을 뿌린 뒤 다른 식빵으로 덮는다.

TIP

수제 과일잼은 348쪽을, 수제 아이 케첩은 340쪽을 참조해주세요.

318

프렌치토스트

♥ 재료(2~3인 분량)

식빵 6장
달걀 3개
우유(또는 두유) 90ml
올리고당 1숟가락(생략 가능)
소금 1꼬집(생략 가능)
시나몬가루 1꼬집(생략 가능)
식용유(또는 버터) 약간

1 우유, 달걀, 올리고당, 소금, 시나몬가루를
모두 섞는다.

2 식빵 앞뒷면에 1을 묻혀 식용유 또는 버
터를 두른 팬에 앞뒤로 부친다.

TIP
올리고당은 동량의 메이플시럽이나 1/3 분량의
설탕으로 대체해도 돼요.

응용 메뉴

채소프렌치토스트
과정 1에서 다지거나 아주 잘게 썬 채소(파
프리카, 당근, 애호박 등)를 섞으면 좀 더 영양
가가 좋은 프렌치토스트가 됩니다.

햄치즈토스트

♥ 재료(2개 분량)
식빵 4장
슬라이스햄 2장
아기치즈 2장
과일잼 약간

1 슬라이스햄을 끓는 물에 2분 데쳐 건진다.

2 식빵을 2장 구워 안쪽 면에 각각 과일잼을 얇게 바르고 햄과 치즈를 차례로 올려 덮는다.

TIP 수제 과일잼은 348쪽을 참조하세요.

에그샐러드 샌드위치

♥ 재료(2개 분량)
식빵 4장
달걀 3개
마요네즈 3숟가락
설탕 1/2티스푼
후추 1꼬집

저염으로 하려면 마요네즈 양을 줄이고 물이나 우유로 촉촉한 점도를 만들어주세요.

1 달걀을 삶아서 으깨고 마요네즈, 설탕, 후추를 섞는다.

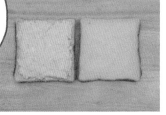

2 빵의 한쪽 면에 골고루 올리고 덮는다.

TIP 두부마요네즈는 344쪽을 참조하세요.

마늘빵

♥ 재료(2인 분량)
식빵 3~4장
버터 30g
올리브유 1숟가락
다진 마늘 1숟가락
메이플시럽(또는 올리고당) 2숟가락
파슬리가루 1/2티스푼(생략 가능)

1 팬에 올리브유 또는 식용유를 약간 두르고 다진 마늘을 약한 불에 노릇하게 볶는다.

버터는 미리 상온에 꺼내 준비하거나 전자레인지에 15초 돌려 사용하세요.

2 작은 볼에 1과 버터, 올리브유, 메이플시럽, 파슬리가루를 넣고 섞는다.

3 빵 표면에 2를 발라 에어프라이어 또는 오븐에 바삭하게 굽는다(에어프라이어 160℃ 5~6분, 오븐 180℃ 8분).

TIP
* 여기서는 바게트빵을 사용했어요. 식빵, 모닝빵 등 원하는 빵으로 만들어보세요.
* 피자치즈나 파르메산치즈를 올려 구우면 더 맛있어요. 구운 빵을 꺼내자마자 아기치즈 1조각을 올려주어도 좋아요.

새우아보카도 샌드위치

♥ 재료(2개 분량)
식빵 4장
아보카도 1/2개
새우 6마리
마요네즈 약간

1 손질한 새우를 데치거나 팬에 굽는다.

2 익힌 새우와 아보카도를 얇게 썬다.

3 빵 한쪽 면에 각각 마요네즈를 얇게 바른
다.

4 아보카도와 새우를 올리고 덮는다.

TIP

* 마요네즈는 요거트나 크림치즈로 대체해도
  돼요.
* 새우 손질은 20쪽을 참조하세요.

응용 메뉴

새우아보카도무스샌드위치
아보카도를 그대로 넣으면 분리되어서 아이
가 먹기 어려워할 수도 있어요. 아보카도를 무
스 형태로 으깨어 쓰면 아이가 먹기 편해요.

사과치즈 샌드위치

♥ 재료(2개 분량)
식빵 4장
사과 1개
아기치즈 2장
마요네즈 약간

1 식빵 한쪽 면에 치즈를 얹는다.

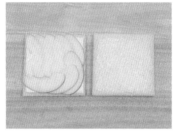

2 슬라이스한 사과를 촘촘히 얹고 다른 식빵 한쪽 면에 마요네즈를 얇게 발라 덮는다.

TIP 마요네즈는 요거트나 버터로 대체해도 돼요.

롤샌드위치

♥ 재료(아이 1회 분량)
식빵 1~2장
바나나 1개
땅콩버터 약간

TIP 바나나와 땅콩버터는 잼이나 치즈, 다른 과일, 채소 등 원하는 어떤 재료든 대체할 수 있어요.

밀대가 없으면 유리병 등 원통형의 도구를 활용하세요.

1 식빵의 네 모서리를 잘라내고 밀대로 얇게 민다.

2 땅콩버터를 펴바르고 바나나를 놓는다.

3 돌돌 말아서 랩으로 감싸고 양옆을 꼬아 모양이 잡히도록 잠시 뒀다가 랩을 벗기고 썰어서 낸다.

피자빵

♥ 재료(2개 분량)
식빵 2장
피자치즈 1/2컵
케첩(또는 토마토소스) 4숟가락
멀티 볶음 4숟가락(355쪽 참조, 생략 가능)
옥수수, 올리브, 햄, 피망 등 다양한 고명 재료

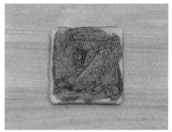

1 빵 한쪽 면에 케첩 또는 토마토소스를 바른다.

2 멀티 볶음 2숟가락 또는 원하는 채소를 얇게 썰어 올린다.

3 피자치즈를 고루 뿌려 덮어주고 190℃로 예열한 오븐에 치즈가 녹을 때까지 10분 굽는다(에어프라이어 170℃ 6분).

TIP

* 빵은 바게트빵, 모닝빵 등 아이가 좋아하는 빵으로 대체 가능해요.
* 다진 채소와 고기를 볶은 멀티 볶음이 있으면 다른 재료를 더하지 않아도 좋아요. 여기서는 얇게 썬 버섯도 사용했습니다.
* 수제 케첩은 340쪽을, 수제 토마토소스는 345쪽을 참조해주세요.
* 아이와 함께 요리체험하기 좋은 메뉴예요. 평소에 아이가 좋아하지 않는 채소도 적극적으로 토핑 재료로 사용해보세요. 아이들은 직접 만들기에 참여한 음식은 더 잘 먹는답니다.

또띠아피자

♥ 재료(1개 분량)
또띠아 1장
토마토소스 2숟가락
양파 약간
피망 약간
옥수수알 3숟가락
피자치즈 4숟가락

1 피망은 횡으로 얇게 슬라이스하고, 양파는 얇게 채썬다.

시판 소스는 염도가 높아 얇게 펴 바를수록 좋아요.

2 오븐팬에 또띠아를 놓고 토마토소스를 얇게 펴 바른다.

다진 소고기를 볶아 올리면 더 맛있고 영양보충도 돼요.

3 양파, 피망, 옥수수알을 고루 올린다.

4 피자치즈를 올리고 180℃로 예열한 오븐에 10분 굽는다(에어프라이어 160℃ 7~8분).

TIP
* 수제 토마토소스는 345쪽을 참조하세요.
* 피자치즈는 아기치즈로 대체 가능하나 고열에서 굳으므로 구운 후에 꺼내자마자 올려 녹여주세요.

주말 브런치 메뉴로 딱 좋은 팬케이크.
시판 핫케이크가루를 사용하면 간단하지만,
반죽을 직접 만드는 것도 어렵지 않아요.
이 책에서는 채소를 활용한 팬케이크들을 소개합니다.

팬케이크

반죽하기 → 재료 섞기 → 앞뒤로 부치기

팬케이크 예쁘게 부치기

① 예열을 약한 불에 충분히 합니다.

② 기름을 두르고 키친타월로 한 번 닦아내어 팬 표면에 기름이 고루 묻게
합니다.

③ 약한 불에서 익히고, 표면에 작은 구멍들이 생기면 뒤집을 타이밍입니
다. 한쪽만 익은 2장의 팬케이크를 합치면 도톰한 팬케이크를 만들 수 있
어요.

기본 팬케이크

♥ 재료(1~2인분)
밀가루 140g
우유(또는 두유) 200ml
달걀 1개
베이킹파우더 1/2티스푼
식용유 1숟가락
메이플시럽 1티스푼
소금 1꼬집

1 볼에 모든 재료를 섞는다.

2 팬에 식용유를 두르고 키친타월로 한 번 닦아낸 뒤 약한 불에 예열하고 반죽을 얇게 펴 올린다. 표면에 기포가 올라오고 색이 짙어지면 뒤집는다.

단호박 팬케이크

♥ 재료(1~2인분)
단호박 1/4통(약 150g)
밀가루 100g
우유(또는 두유) 170ml
달걀 1개
베이킹파우더 1/2티스푼
식용유 1티스푼

1 단호박은 전자레인지나 찜기에 미리 쪄서(220쪽 참조) 우유, 달걀과 함께 믹서에 간다.

2 1을 볼에 옮겨 밀가루, 베이킹파우더를 넣고 잘 섞는다.

3 팬에 식용유를 두르고 키친타월로 한 번 닦아낸 뒤 약한 불에 예열하고 반죽을 얇게 펴 올린다. 표면에 기포가 올라오고 색이 짙어지면 뒤집는다.

♥ 재료(1~2인분)
브로콜리 70g
밀가루 120g
우유(또는 두유) 150ml
달걀 1개
베이킹파우더 1/2티스푼
식용유 1티스푼
메이플시럽 1숟가락
(생략 가능)
소금 2꼬집(생략 가능)

브로콜리 팬케이크

간한 음식을 먹는 아이는 소금 2꼬집을 반죽에 섞어주세요.

1 찜 용기에 브로콜리와 물 2숟가락을 넣은 뒤 뚜껑을 닫고 전자레인지에 2분 돌려 찐다.

2 믹서에 우유 150ml, 달걀 1개, 찐 브로콜리를 넣고 곱게 간 뒤, 볼에 옮겨 밀가루, 베이킹파우더, 식용유, 메이플시럽을 섞는다.

3 팬에 식용유를 두르고 키친타월로 한 번 닦아낸 뒤 약한 불에 예열하고 반죽을 얇게 펴 올린다. 표면에 기포가 올라오고 색이 짙어지면 뒤집는다.

♥ 재료(1~2인분)
파프리카 40g
밀가루 120g
우유(또는 두유) 130ml
달걀 1개
베이킹파우더 1/2티스푼
식용유 1티스푼
메이플시럽 1숟가락
(생략 가능)
소금 1꼬집(생략 가능)

파프리카 팬케이크

믹서를 쓰지 않고 파프리카를 반죽에 다져 넣어도 돼요.

간한 음식을 먹는 아이는 반죽에 소금 1꼬집을 섞어주세요.

1 먹기 좋은 크기로 썬 파프리카와 우유, 달걀을 믹서에 곱게 간다.

2 1을 볼에 옮겨 밀가루, 베이킹파우더, 식용유, 메이플시럽을 섞는다.

3 팬에 식용유를 두르고 키친타월로 한 번 닦아낸 뒤 약한 불에 예열하고 반죽을 얇게 펴 올린다. 표면에 기포가 올라오고 색이 짙어지면 뒤집는다.

과일은 그대로 먹는 것이 가장 좋지만,
아이가 시판 음료수를 너무 좋아한다면,
집에서 직접 과일 주스를 만들어보세요.
인공 감미료가 전혀 들어가지 않은
건강한 단맛의 주스예요.

과일 디저트 음료

과일 또는 채소 손질하기 → 물 또는 유제품과 함께 갈기

과채 주스 만들기

과일과 채소의 껍질은 깨끗하게 씻어 되도록이면 벗기지 않고 그대로 갈아 영양소 섭취를 극대화하세요. 맛을 보고 단맛이 너무 부족하다면 메이플시럽이나 올리고당, 설탕 등으로 단맛을 더해주세요. 질감이 너무 되직하면 물을 조금 더해서 한 번 더 갈아주세요. 물 대신 코코넛 워터를 사용해도 좋아요.

♥재료(아이 1인분)
요거트(또는 우유) 80ml
오트밀 15~20g
아이가 좋아하는 과일

오버나이트 오트밀

견과류를 더해 영양소를 보강하면 더욱 좋습니다.

1 요거트 또는 우유를 그릇에 담고 오트밀을 넣어 잘 섞는다.

2 냉장고에 1시간 이상 두었다가 꺼내어 과일을 곁들인다.

요거트 프루트컵

♥재료(아이 1인분)
요거트 80ml
아이가 좋아하는 과일
견과류 약간

만드는 법
요거트를 그릇에 담고 각종 과일을 썰어 올린다.

과일푸딩

♥ 재료(2~3회 분량)
과일즙(또는 주스) 200ml
판젤라틴 8g

TIP

시판 과일즙, 과일주스, 직접 갈아
만든 주스 모두 활용할 수 있어요.

단맛이 부족하면
설탕을 약간
추가해주세요.

과일을 잘게
썰어 넣어도
좋아요.

1 찬물에 판 젤라틴을 불린다.

2 과일즙 또는 주스를 전자레인지에 30초
돌려서 데운다. 1에서 불린 젤라틴을 건져
물기를 털고 과일즙에 섞으면서 녹인다.

3 그릇에 부어 냉장고에 1~2시간 두어 굳
힌다.

바나나
시금치주스

♥ 재료
바나나 1개
시금치 80g
물 200ml
메이플시럽 1티스푼

만드는 법
분량의 재료를 믹서에 넣고 갈아준다.

♥재료
사과 1개
비트 30g
당근 40g
물 300ml
메이플시럽 1티스푼

ABC주스

만드는 법
분량의 재료를 믹서에 넣고 갈아준다.

♥ 재료
파인애플 1/2통(300g)
양배추 40g
물 100ml
메이플시럽 1티스푼

파인애플
양배추주스

만드는 법
분량의 재료를 믹서에 넣고 갈아준다.

♥ 재료
딸기 200g
우유 400ml
오트밀 30g
메이플시럽 1티스푼

딸기오트밀
우유

만드는 법
분량의 재료를 믹서에 넣고 갈아준다.

♥ 재료

망고 150g
요거트 300ml
물 100ml

망고요거트
스무디

만드는 법
분량의 재료를 믹서에 넣고 갈아준다.

♥ 재료

사과 1개
아보카도 1/2개
요거트 150ml
물 200ml
메이플시럽 1티스푼

사과아보카도
스무디

만드는 법
분량의 재료를 믹서에 넣고 갈아준다.

♥ 재료

찌거나 데친 브로콜리 40g
키위 4개
요거트 200ml
물 100ml
메이플시럽 1숟가락

키위브로콜리
스무디

만드는 법
분량의 재료를 믹서에 넣고 갈아준다.

CHAPTER 13

홈메이드 소스와 육수

점점 다양한 맛을 알게 된 아이들에게
홈메이드 소스를 활용해 입이 더 즐거워지는
식사를 차려주세요.

메뉴에 알맞은 소스를 직접 만들어
함께 곁들여준다면 각종 첨가물을
섭취하는 양을 줄일 수 있어요.
음식에 곁들여 먹는 방법을 알려주되,
그 양이 과해지지 않도록
함께 먹으며 조절해주세요.

소스
스프레드

소스 보관 방법

케첩, 파프리카페이스트, 과일잼, 배즙 등 대부분의 소스는 냉동보관할 수
있어요. 지퍼백에 얇게 펴서 얼리거나 작은 아이스 큐브틀에 얼리면 필요할
때마다 소량씩 녹여 쓸 수 있어 편리합니다.

아이 케첩

💜 재료(여러 번 사용할 분량)

토마토 3개(500g 내외)
사과 1/2개
양파 1/2개
비트 30g(생략 가능)
올리고당 1숟가락
식초 2숟가락

소금 2꼬집
전분물(전분 1티스푼+ 물 2숟가락)
물 50ml

토마토는 취사 후 믹서에 대부분 갈리기 때문에 안 벗겨도 돼요.

아주 고운 케첩을 만들고 싶으면 믹서에 간 뒤, 체에 걸러주세요.

1 토마토, 사과, 비트, 양파를 모두 큼직하게 썰고 물 50ml와 함께 밥솥에 넣고 만능찜 기능으로 30분 취사한다.

2 취사가 완료되면 모두 믹서에 넣고 곱게 간다.

3 팬으로 옮겨 올리고당, 식초, 소금을 섞어 중간 불로 가열하다가 끓어오르면 약한 불로 줄여 눌어붙지 않게 저으며 졸인다.

4 10분 정도 졸이다 전분물을 두르고 뭉치지 않도록 빠르게 섞는다. 열탕 소독한 병에 담는다.

TIP
일주일 동안 먹을 양만 병에 담아 냉장하고 나머지는 아이스큐브틀이나 지퍼비닐백에 얼려 조금씩 녹여 쓰면 편리해요.

♥ 재료(여러 번 사용할 분량)
양파 2개
물 150ml

1 양파를 큼직하게 썰어 전기밥솥에 물과
  함께 넣는다.

2 만능찜 모드로 30분 취사한다.

3 취사 완료되면 체에 걸러 즙은 따로 두고
  건더기만 믹서에 갈아 팬에 옮긴다.

4 약한 불에 10분 정도 저으면서 수분을 줄
  여준다.

TIP

* 완성된 양파잼은 냉장보관하여 일주일 안에 소진하세요.
* 내린 즙은 버려도 되지만 냉장해두었다가 국이나 덮밥소스를 만들 때
  육수와 함께 쓰면 맛이 좋아요.

배즙과 배퓌레

♥ 재료(여러 번 사용할 분량)
배 2개
물 200ml

1 배는 껍질을 벗기고 씨를 제거하여 전기 밥솥에 물 200ml를 넣고 만능찜 모드로 30분 조리한다.

2 취사가 완료되면 체에 으깨듯이 걸러 즙만 내린다.

3 맑은 배즙을 용기에 담고 걸러진 배 건더기는 그대로 퓌레로 보관하거나 냄비나 팬에서 한 번 더 졸여서 식혀 보관한다.

TIP

* 배즙은 아직 올리고당이나 설탕을 사용하지 않는 유아식에 사용해 은은한 단맛을 내는 데 쓰거나, 아이 컨디션이 좋지 않을 때 따뜻한 음료로 주세요.
* 배퓌레는 요거트에 섞어 먹어도 좋고, 요리에도 쓸 수 있습니다.
* 냉장은 5일 내로 소진하고, 나머지는 냉동해주세요.

파프리카 페이스트

♥ 재료(2~3회 사용할 분량)
파프리카 2~3개
물 약간

에어프라이어에서는 20분 전후, 오븐에서는 220°C에 30분 정도 구워주세요.

1 파프리카를 2등분 또는 4등분해서 에어 프라이어 200℃에 굽는다. 상태를 보며 겉이 조금 탈 때까지 굽는다.

곱게 갈 것이라 완전히 벗기지 않아도 괜찮아요.

2 흐르는 물에 씻으며 탄 껍질을 벗겨낸다.

3 믹서에 파프리카가 갈릴 만큼의 양만 물을 넣고 곱게 간다.

이 과정을 생략하고 조금 묽은 상태로 보관 및 사용해도 돼요.

4 팬으로 옮겨 약한 불에 바닥에 눌지 않게 저어가며 수분을 날려준다.

TIP
완성된 **파프리카페이스트**는 냉장 상태로는 일주일 내로 소진하고, 지퍼백이나 아이스큐브틀에 얼려 필요할 때마다 조금씩 꺼내어 씁니다.

두부마요네즈

♥ 재료(2~3회 사용할 분량)
두부 200g
땅콩
(또는 잣이나 캐슈넛) 20g
식용유 50ml
올리고당 3숟가락
식초 30ml
소금 3꼬집

1 두부를 끓는 물에 1분 데친다.

2 두부와 나머지 모든 재료를 믹서에 넣고 간다.

TIP

* 식빵에 발라먹어도 좋고, 채소 스틱이나 샐러드에 곁들여 먹어도 맛있어요.
* 파스타나 국수를 삶아 비빔면처럼 먹어도 좋아요.
* 냉장 상태의 두부마요네즈는 4일 내로 소진하세요.

검은깨(참깨) 두부소스

♥ 재료(2~3회 사용할 분량)
두부 100g
검은깨(또는 참깨) 2숟가락
올리고당 2숟가락
식초 1숟가락
들기름 1숟가락
소금 2꼬집
물 3숟가락

빻기 전에 마른 팬에 약한 불로 잠시 볶아주면 고소함이 더욱 살아나요.

1 검은깨(참깨)를 절구에 빻는다.

2 1과 나머지 모든 재료를 믹서에 한꺼번에 간다.

TIP

양상추 등의 잎채소, 당근이나 오이 등의 덩어리채소에 두루두루 잘 어울리는 드레싱이에요.

토마토소스

♥ 재료(파스타 3인분에 쓸 수 있는 분량)
홀토마토 400g
다진 소고기(또는 돼지고기) 100g
양파 1개
다진 마늘 1숟가락
소금 1꼬집
올리브유(또는 식용유) 약간

1 양파를 다진다.

2 팬에 올리브유 또는 식용유를 약간 두르고 다진 마늘과 양파를 중간 불에 노릇하게 볶는다.

3 다진 고기를 넣어 함께 볶는다.

홀토마토는 물러서 갈지 않아도 괜찮아요. 생토마토일 경우 믹서에 갈거나 잘게 다져 사용하세요.

4 홀토마토를 넣고 으깨가면서 끓이듯이 약한 불에 볶는다. 맛을 보고 기호에 따라 소금간한다.

TIP
홀토마토는 성분을 보고 토마토로만 이루어진 제품을 구입하세요.
없을 경우 동량의 토마토로 대체 가능하지만 풍미가 부족하므로
올리고당 1티스푼과 소금을 1~2꼬집 추가해주면 좋습니다.

시금치페스토 소스

♥ 재료(가족 1끼에 사용할 분량)
시금치 120g
잣 50g
다진 마늘 1티스푼
올리브유 100ml
올리고당 1숟가락
파르메산치즈 10~15g
(생략 가능)
소금 1꼬집

TIP

* 잣 대신 캐슈너트를 써도 좋아요.
* 치즈를 넣을 경우 소금은 생략해도 좋아요. 시금치는 바질잎이나 깻잎으로 대체할 수 있어요.
* 남는 양은 냉장해서 일주일 내에 소진하세요. 빵에 발라 오븐에 구워 먹어도 맛있습니다.

1 손질한 시금치는 끓는 물에 30초간 데치고 물기를 짠다.

2 믹서에 모든 재료를 넣고 간다.

과카몰리

♥ 재료(1회 사용할 분량)
아보카도 1개
토마토 1/4개
레몬즙 10ml
올리고당 1티스푼
소금 2꼬집

TIP

비스킷, 구운 또띠아, 빵에 발라먹어요. 샐러드에도 곁들일 수 있어요.

1 아보카도를 반으로 갈라 씨를 제거하고 숟가락으로 과육을 파내어 으깬다.

2 1에 잘게 썬 토마토와 나머지 재료를 섞는다.

346

탕수육소스

♥ 재료(1회 사용할 분량)
각종 채소 과일 70g
간장 1티스푼
케첩 1숟가락
올리고당 1숟가락
식초 1숟가락
물 200ml
전분물
(물 2숟가락 + 전분 1티스푼)

TIP
채소 과일은 양파, 적양배추, 사과를 사용했어요.
당근이나 파프리카도 좋아요.

1 간장, 케첩, 올리고당, 식초, 물을 모두 섞어 냄비에 붓는다.

2 잘게 썬 채소와 과일을 1에 붓고 끓인다.

3 채소가 다 익으면 전분물을 두르고 빠르게 휘젓는다.

깐풍기소스

♥ 재료(1회 사용할 분량)
각종 다진 채소 40g
다진 마늘 1티스푼
굴소스 1티스푼
케첩 1숟가락
식초 1숟가락
올리고당 1숟가락
물 100ml
전분물
(물 2숟가락 + 전분 1티스푼)
식용유 약간

TIP
튀김요리에 곁들여 드세요.

1 팬에 식용유를 약간 두르고 다진 마늘을 볶다가 채소 재료를 함께 볶는다.

2 물 100ml에 굴소스, 케첩, 식초, 올리고당을 섞어 2에 붓고 끓인다.

3 전분물을 두르고 빠르게 휘젓는다.

과일잼

♥ 재료(여러 번 사용할 분량)
과일 적당량(450~500g)
설탕 2숟가락
레몬즙(또는 식초) 1티스푼

졸여지면서 과일이 물러지고 형태가 없어져요. 곱게 만들려면 믹서에 갈아주세요.

1 과일 껍질을 벗겨 토막 내어 썰고 설탕을 버무려 20분 정도 둔다.

2 레몬즙 또는 식초 1티스푼을 섞고 약한 불에 저어가며 끓인다. 열탕 소독한 병에 담는다.

TIP

* 여기서는 키위잼을 만들었어요. 수분이 많고 무른 대부분의 과일을 잼으로 만들 수 있습니다. 딸기, 귤, 블루베리, 포도, 복숭아 등 제철 과일을 활용해보세요.

* 시판 잼에 비해 저장 기간이 짧으므로 열흘 내에 사용하지 않을 양은 얼리는 것이 좋아요.

허니갈릭소스

♥ 재료(1회 사용할 분량)
다진 마늘 1숟가락
올리고당 2숟가락
간장 2숟가락
물 3숟가락
식용유 약간

불이 너무 세면 금방 탑니다. 약한 불에서 해주세요.

1 팬에 식용유를 약간 두르고 다진 마늘을 약한 불에 노릇하게 볶는다.

2 마늘이 익으면 물, 올리고당, 간장을 넣고 끓인다.

TIP
* 소스를 만든 팬에 곧바로 음식을 넣어 함께 볶으면 되고 찍어 먹어도 돼요.
* 292쪽의 치킨이나 231쪽의 윙봉구이 소스로 활용해보세요.

아이 간장소스

♥ 재료(1회 사용할 분량)
간장 1숟가락
물 3숟가락
식초 1티스푼
올리고당 1티스푼
양파잼 1티스푼(생략 가능)

TIP
비빔밥, 낫또덮밥(68쪽 참조), 비빔국수(75쪽 참조) 등에 활용하고 부침요리를 찍어먹기에도 좋아요.

만드는 법
모든 재료를 섞는다.

유자드레싱

♥ 재료(1회 사용할 분량)
간장 1숟가락
유자청 1티스푼
식초 1숟가락
들기름 1숟가락
양파잼 1티스푼(생략 가능)
물 1숟가락

TIP
* 유자청은 시판 유자차 제품을 사용했어요.
* 모든 종류의 잎채소와 덩어리 채소 샐러드에 두루두루 잘 어울리는 드레싱입니다.

만드는 법
모든 재료를 섞는다.

파인애플 드레싱

♥ 재료(1~2회 사용할 분량)
파인애플 80g
양파 20g
올리브유 1숟가락
올리고당 1티스푼
식초 1숟가락
소금 1꼬집

TIP
양상추 등의 잎채소 샐러드에 잘 어울리는 드레싱이에요.

만드는 법
모든 재료를 믹서에 곱게 간다.

귤요거트 드레싱

🖤 재료(1~2회 사용할 분량)
귤 1개
요거트 80g
식초 1숟가락
소금 3꼬집
올리브유 1티스푼

TIP
잎채소 샐러드에 잘 어울리는 드레싱이에요.

만드는 법
모든 재료를 믹서에 곱게 간다.

타르타르소스

🖤 재료(1회 사용할 분량)
요거트 80ml
마요네즈 1숟가락(생략 가능)
다진 양파 1숟가락
올리고당 1숟가락
레몬즙 1숟가락
후추 1꼬집
소금 2꼬집
파슬리 2꼬집(생략 가능)

TIP
새우튀김(291쪽 참조), 생선카레튀김(290쪽 참조)에 잘 어울려요.

만드는 법
모든 재료를 섞는다.

재료들을 미리 만들어
냉장고와 냉동실에 보관해두면
조리 시간을 단축할 수 있어요.

만들어두면
요긴한 재료

육수

이 책에 수록된 레시피는 육수를 사용하는 것이 많습니다. 육수를 잘 사용하면 짠 양념을 많이 사용하지 않아도 감칠맛을 더해줄 수 있어요. 여러 재료의 풍미가 어우러진 육수를 넉넉히 만들어 다양한 요리에 활용해 보세요.

냉동 큐브

냉장고에 남아 있는 자투리 채소와 육류는 잘게 다져 멀티 볶음을 만들어 두세요. 볶음밥을 비롯하여 다양한 요리에 활용하면 영양가도 챙길 수 있고 조리 과정도 훨씬 간단해집니다. 큐브 형태로 얼려두면 꺼내 쓰기 좋답니다.

멀티 육수

♥ 재료
멸치 1줌(15~20g)
다시마 3조각
무 150g
양파 1/2개
대파 1/2대
생표고버섯 60g
물 2.5L

1 무, 양파, 대파, 버섯을 큼직하게 썬다. 멸치는 마른 팬에 한 번 볶는다.

2 물에 모든 재료를 넣고 중간 불에 끓인다.

3 끓어오르면 다시마만 건져내고 5분 정도 더 끓인 뒤, 불을 끄고 20분 정도 뒀다가 체에 거른다.

TIP

* 모든 재료를 다 갖추지 않아도 돼요. 없는 재료는 생략하고, 멸치와 다시마만 사용하여 멸치육수만 우려 써도 충분하답니다.

* 건표고버섯은 5g 정도 쓰면 돼요. 다른 요리에서 남은 표고버섯 기둥을 찢어 쓰면 좋아요.

* 식혀서 병에 냉장보관하고 5일 내로 소진하세요. 아이스큐브나 모유 저장팩에 냉동해두어도 좋아요.

멀티 볶음

♥ 재료
각종 채소 원하는 만큼
다진 고기 원하는 만큼
식용유 약간

1 모든 채소를 한꺼번에 다진다.

3일 내로 쓸 분량은
냉장보관하고,
나머지 분량은
냉동 보관하세요.

2 팬에 식용유를 약간 두르고 중간 불에 채소를 먼저 볶다가 소고기를 볶는다.

TIP

* 채소는 당근, 양파, 애호박 등 가장 기본적으로 쓰이는 채소를 사용해요.
* 다진 고기는 소고기가 가장 무난해요.
* 다져서 볶아야 하는 메뉴 외에도 다양한 요리에 고명으로 쓰여 조리 시간을
   단축시켜줍니다.

후리카케

♥ 재료(30g 분량)
각종 채소 300g
김가루 1/2컵

단단한 채소는
한 번 쪄서 다지면
더 좋아요.

1 채소 재료를 잘게 다진다.

채소의 종류에 따라
시간이 달라질 수 있어요.
입자의 상태를 만져보고
시간을 가감해주세요.

2 오븐팬 위에 고르게 펴고 오븐 온도 80℃
에 2시간 말린다.

김의 비율은
원하는 대로
조절해주세요.

3 김가루를 믹서에 갈아 건조가 끝난 2와
섞는다.

TIP

* 채소는 양파, 당근, 버섯, 애호박, 데친 시금치를 사용했어요.
  다양한 채소로 만들어보세요.
* 김가루는 김밥 김이나 일반 김을 부셔서 쓰면 돼요.
* 시판 후리카케에 비해 입자가 균일하지 않아 약간 까슬까슬할 수 있어요.
  밥에 곁들일 때에는 밥에 미리 섞어서 촉촉하게 해주면 먹기 좋아요.
* 달걀말이, 유부초밥, 미트볼 등의 완자류에 유용하게 쓰일 수 있어요.
* 밀폐하여 냉장 또는 냉동 보관해주세요.

부록

유아기 올바른 식습관 잡기
유아식 FAQ
주요 재료별 메뉴 찾아보기
가나다순 메뉴 찾아보기

유아기 올바른 식습관 잡기

이유식 기간에 이어 유아식 기간에도 밥을 먹이려는 부모와 마음대로 하고 싶은 아이 사이의 전쟁은 계속됩니다. 아이는 점점 더 영리해지므로 이 전쟁은 갈수록 어려워져요. 이 전쟁은 평화적으로 대처해야 합니다. 아래의 몇 가지 원칙을 지키도록 노력해보세요. 사실은 모두가 알고 있지만 실천은 어려운, 바로 그것들이에요.

· 완밥을 목표로 하지 마세요.

사람의 식욕은 늘 일정할 수 없습니다. 어떤 날은 아무것도 먹기 싫고, 어떤 날은 거하게 먹게 되죠. 아이들이라고 늘 일정한 양을 먹어야 할 의무는 없습니다. 아이가 밥그릇을 깨끗하게 비우는 것이 목표가 되는 순간 식사는 숙제가 되고 즐거운 시간이 되기 어려워요.

우리나라 부모의 대부분이 아이의 식사량을 과하게 설정하는 경향이 있다고 합니다. 갓난아기가 엄마의 모유를 빨다가 배가 부르면 입을 떼는 것처럼 아이의 신체는 자기에게 필요한 만큼만 채우게 되어 있는데, 이를 넘어서 조금만 더, 조금만 더 먹이려고 하면 오히려 비만의 위험이 커집니다.

모든 아이는 먹는 양이 다 다릅니다. 친구 아들이 120g을 먹는다고 입 짧은 내 딸이 60g을 먹은 것을 혼내면 안 됩니다. 체중이 너무 부족해서 의사의 권고가 있지 않는 한 아이의 먹는 양을 존중해주고, 밥을 남긴 것에 대해서 나무라지 말고 "이만큼이라도 먹었으니 잘했다."라고 칭찬해주세요.

· 밥을 먹지 않으면 간식을 주지 마세요.

돌이 지난 아이는 더 이상 아무 때나 내키는 대로 먹어서는 안 됩니다. 끼니때가 되면 배가 고프고, 밥을 통해 허기를 채워야 한다는 것을 몸으로 그리고 머리로 익혀야 합니다. 식사를 제대로 하는 것이 아이의 성장에 가장 중요하기 때문에 이 간단한 법칙을 아주 어려서부터 익히는 것이 좋습니다.

아이가 배가 고프면 부모의 마음이 불편해서 간식으로 허기를 달래주곤 하는데, 아이는 '밥을 먹지 않으면 맛있는 간식을 주는구나.'라고 인식하게 됩니다. 배가 고파 간식을 필요 이상으로 먹게 되고 당연히 다음 끼니가 돌아오면 배가 고프지 않아 식사를 거부하게 됩니다. 이 악순환을 끊어내는 아주 간단한 원칙은 밥을 안 먹으면 간식을 엄격하게 금지하는 것입니다. 철저히 지킨다면 며칠 만에 아이의 습관이 바로잡힙니다. 끼니를 걸러서 생긴 당장의 배고픔을 달래주는 것이 모성이 아님을 기억하세요. 아이가 식사의 원칙을 이해하도록 이끌어주어야 합니다.

· 돌아다니면서 먹지 않게 하세요.

밥은 한자리에 앉아서 집중해서 먹어야 합니다. 식사 예절에 대해 배워야 하는 시기이기도 하지만, 돌아다니면서 먹으면 식사 시간이 지나치게 오래 걸려서 필요한 양을 다 먹기 전에 허기가 달래지는 것도 문제가 됩니다. 식사는 가족 구성원이 함께 모여 앉아 같은 것을 먹고 즐거운 시간을 보내는 것임을 자연스럽게 알게 해주세요. 아이를 돌아다니지 못하게 하는 것도 중요하지만, 그 이전에 부모가 돌아다니지 않아야 합니다. 식사 시간엔 바쁜 일이 있더라도 아이 곁에 앉아 함께 식사하도록 노력해보세요. 부모도 밥을 먹고 싶지 않은 날이 있습니다. 그럴 땐 커피라도 마시면서 옆에 앉아 있어주세요.

· 영상 매체를 동원하여 먹이지 마세요.

영상을 보며 밥을 먹을 때의 가장 큰 문제점은 아이 본인이 무엇을 하고 있는지 모른다는 점입니다. 영상을 보는 아이는 신체의 다른 감각이 잠시 멈추고 시각적인 자극에만 지나치게 집중하게 됩니다. 입을 벌리고 엄마 아빠가 떠먹여주는 밥을 받아먹긴 하지만, 자신이 무엇을 먹는지, 배고픔이 채워지는지에 대한 자각이 거의 없기 때문에 이렇게 식사와 영상 시청이 묶이게 되면 영상 매체가 없이는 밥을 먹지 못하는 아이가 됩니다. 어린이집이나 유치원에 가면 영상 매체가 없이 밥을 먹어야 하는데 집에서 영상을 보며 먹는 게 습관이 된 아이들은 식사 시간에 매우 산만하고, 편식이 심합니다. 아이가 자신이 먹는 음식이 무엇인지, 무슨 맛이고 무슨 식감인지 느끼고 이해하며 식사를 하는 것은 아이의 성장을 위해서도 매우 중요합니다.

· 흘린 것은 식사 후에 한꺼번에 치우세요.

아이는 밥을 먹으면서 많이 흘릴 수 있습니다. 먹는 기술이 서툴고, 아직 깔끔하게 먹을 필요성을 느끼지 못해서 그렇습니다. 이는 커가면서 자연스럽게 체득되기 때문에 조금 흘리는 것은 모른 척해주세요. 식사하는 동안에 수시로 밥그릇 주변을 청소하면 아이가 불편하고 먹는 행위 자체에 집중하지 못하게 됩니다. 깔끔한 성격의 부모에겐 쉽지 않겠지만 참아야 합니다. 아이가 흘리는 것을 도저히 못 보겠다면 엄마 아빠 식사에만 집중하세요. 단, 음식을 가지고 일부러 장난을 친다면 단호하게 중단시켜주세요.

· 차려진 메뉴가 마음에 들지 않아 다른 메뉴를 요구하면 응해 주지 마세요.

식단을 정하고 음식을 준비하는 것은 오로지 주방일을 하는 부모의 권한입니다. 물론 그날의 메뉴가 정해지기 이전에 아이가 먹고 싶은 메뉴를 이야기할 경우에는 여건에 따라 반영해줄 수 있겠지만, 이미 차린 밥상에 대해 불만을 표현할 때 이를 일일이 받아줄 필요가 없습니다. 식사를 다시 차리면, 아이는 자신이 거부하면 더 맛있는 것이 주어진다고 믿게 되고, 자신이 밥을 '먹어주는' 것에 대한 대가를 부모에게 치르게 합니다.
차리는 것은 부모의 몫, 먹는 양을 결정하는 것은 아이의 몫이라고 단순하게 생각하세요. 먹지 않는 것 또한 아이의 선택이기 때문에 부모는 이 선택을 존중해주세요. 아이를 혼낼 필요가 없습니다. 차려진 밥상을 거부하면 아이는 배고픔을 많이 느끼게 되고, 다음 끼니를 맛있게 먹을 것입니다. 그리고 이러한 경험이 누적되면 별로 맘에 들지 않는 밥상이라도 조금이라도 먹어보려고 시도할 것입니다.

· 밥상을 치우고 나면 다음 끼니까지 다시 차리지 마세요.

정해진 시간에 식사를 하는 일과를 정착시키는 것이 아이의 성장을 도와주는 가장 빠른 길입니다. 배고플 때가 되어 밥을 차렸는데 아이가 식욕이 없거나 놀고 싶거나 메뉴가 맘에 안 드는 등의 여러 이유로 식사를 거부한다면 부모의 식사가 끝난 후 모두 치우세요. 아이가 먹고 싶어 할 때에 맞춰 차려주는 과도한 친절은 아이의 습관을 망칠 뿐입니다. 그 대신 치우기 전에 다시 한번 확실히 의사를 물어보고 확실하게 설명해주세요.

· 먹기 싫다고 하는 것을 억지로 먹이지 마세요.

부모의 입장에서 아이의 편식은 하루라도 빨리 고쳐야 하는 습관이기에 골고루 차려준 것을 아이가 다 먹어주지 않으면 애가 탄다. 그러나 아이는 편식이 왜 문제가 되는지 전혀 알지 못합니다. 편식 문제는 매우 장기적으로 봐야 하고, 당장 고치려 하면 안 됩니다. 아이가 전혀 쳐다보지도 않는 메뉴가 있다면 밥상을 치우기 전에 그 메뉴에 대해 알려주고, 먹어보라고 권해주세요. 그러나 한두 번 권했는데도 먹으려 하지 않는다면 깨끗하게 포기하세요. 억지로 먹이는 순간 아이는 그 메뉴에서 한 발 더 멀어집니다.

'언젠가는 먹겠지.'라는 마음을 가지고 꾸준히 차리세요. 평생 안 먹을 수도 있겠지만, 대부분은 '언젠가는' 먹게 됩니다. 아이가 싫어할 수도 있는 음식을 자주 보여주면 시각적으로 먼저 익숙해져서 편식을 더 빨리 고칠 수 있습니다. 부모가 그 음식을 맛있게 먹는 모습을 매번 자연스럽게 보여주세요. 편식 문제로 답답할 때마다 지금은 대부분의 음식을 잘 먹는 우리 자신도 아주 오랫동안 편식 어린이였던 기억을 떠올려본다면, 편식하지 말라고 떳떳하게 말할 수 없을 거예요.

· 부모님이 모범이 되어주세요.

편식 문제, 밥 먹는 동안 딴짓하는 문제 등을 고치는 첫걸음은 부모가 모범을 보여주는 것입니다. 엄마 아빠가 반찬을 골고루 맛있게 먹고, 식사 시간에 다른 일을 하지 않고 먹는 것에 집중하며 식구들과 눈을 마주치며 밥을 먹는다면 이러한 모습을 아이가 그대로 배워 스스로 의식하지 않고도 좋은 식습관을 키워나가게 됩니다. 아이에게 "~해라.", "~하지 마라."라고 말하기 전에 부모 자신이 어떤 모습으로 식사를 하고 있는지를 돌아보세요. 행동으로 보여주는 것이 말로 가르치는 것보다 훨씬 더 기분 좋고 효과적인 방법입니다.

· 식사 시간을 즐거운 시간으로 만들어주세요.

요리를 어려워하는 부모일수록 아이가 기대만큼 먹어주지 않을 때 느끼는 좌절감이 큽니다. '내가 요리를 못해서 잘 안 먹나봐.' 하며 자책하고, 고생에 대한 보상이 없어 화가 나기도 합니다. 그러나 요리를 잘한 사람이 만든 음식도 크게 다르지 않아요. 그 집 아이도 먹고 싶은 것만 골라 먹고 잘 먹지 않습니다. 밥을 차리는 고생에 대해 아이가 이해하려면 적어도 초등학생은 되어야 합니다. 유아기의 아이가 '엄마가 고생했으니 내가 조금이라도 먹어야지.'라는 생각을 할 리가 없죠. 그러니 화를 내고 혼내는 것이 의미가 없습니다. 아이 입장에서는 혼날 일이 아닌데 혼이 났으니 당황스럽겠죠. 부모는 밥을 먹여야 한다는 의무감이 너무나 강력한 나머지 이것이 아이의 거부로 인하여 실패로 돌아가면 화가 날 수밖에 없는데, 이를 식탁에서는 절대 표현하지 마세요. 식탁에서 부모가 부정적인 감정 표출을 많이 할수록 아이는 점점 더 식탁에서의 시간을 싫어하게 됩니다. 어차피 육아의 모든 부분은 부모가 원하는 대로 흘러가지 않습니다. 그러니 먹는 일도 마음대로 되지 않는 부분이라는 것을 인정하고, 아이의 선택을 받아들이세요. 식사 시간이 평화로우면 틀림없이 아이의 식생활은 점점 더 나아집니다.

Q 왜 저염식을 해야 하나요?

아이의 신체 기관 중 신장의 기능이 더디게 완성되기 때문에 나트륨 함량이 높은 음식을 일찍부터 먹으면 신장에 무리가 갈 수 있어요. 한국인은 다른 나라와 비교했을 때 나트륨 섭취량이 매우 높은데, 이는 위장 질환을 비롯하여 각종 성인병과 직결되기 때문에 어려서부터 저염식을 생활화하는 것이 좋습니다. 입맛이 짜지면 점점 더 짠맛을 찾게 되고 싱거운 입맛으로 돌아가기는 어렵기 때문에 가능하면 오랫동안 무염식을 유지하고, 간하기 시작하고 나서도 아주 신중하게 서서히 양념을 늘려가는 것이 좋아요.

Q 유아식은 국과 반찬 등 여러 가지를 모두 챙겨야 하나요?

아이가 유치원이나 학교 등 단체 생활을 하게 되면 자연스럽게 국과 반찬이 모두 갖춰진 급식 식단에 적응하게 됩니다. 집에서 유아식을 차려주면서 이에 대한 연습 차원에서 국과 반찬을 차려줄 수도 있겠지만 반드시 그래야 하는 것은 아닙니다. 어른들이 그러하듯, 다른 나라의 식사 형태를 차용하여 다양한 식사 형태와 맛을 경험시켜줄 수도 있고, 한 그릇 메뉴로 맛도 영양가도 챙길 수 있어요.

Q 채소를 싫어해요. / 고기를 싫어해요. 싫어하는 음식도 언젠가는 먹을까요?

편식 문제는 모든 부모의 과제입니다. 이르면 돌 전에도 특정 식재료에 대한 호불호가 생기고, 처음 보는 음식은 낯을 가려 조금도 맛보려 하지 않습니다. 당장 먹게 하는 것을 목표로 하지 마세요. 꾸준한 노출만이 답입니다. 먹이려고 애쓸수록 아이는 멀어져갑니다. 음식에 대한 경계를 풀게 되는 6세부터는 대부분의 아이가 차츰 나아지니 인내심을 가지고 채소반찬과 고기반찬을 식단에 골고루 포함시켜주세요.

Q 밥만 먹으려 해요. / 반찬만 먹으려 해요.

대부분의 아이가 밥만 먹는 시기와 반찬만 먹는 시기를 오갑니다. 자연스러운 과정이므로 모두 다 골고루 먹이려 씨름하지 말고 아이의 선택에 맡겨주세요.

Q 국이 없으면 밥을 안 먹겠다고 하는데 어쩌죠?

국을 먹는 것이 이미 습관으로 굳어졌다면 어느 날 갑자기 국을 끊기 힘들어요. 국을 많이 먹을수록 염분을 많이 섭취하게 되므로 최대한 싱겁게, 건더기는 많이 넣어 조리해주세요. 국이 없어도 잘 먹을 수 있는 한 그릇 메뉴나 양식 메뉴를 자주 해주어 다양한 형태의 식사를 경험하도록 이끌어주세요.

Q 하루 세 끼와 간식 두 번을 모두 다 챙겨야 하나요?

돌 이후, 어느 정도 소화 기관이 성장한 아이가 식사를 통해 배를 든든히 채울 줄 알게 되면 간식을 필수적으로 줘야 하는 것은 아닙니다. 영양소 섭취는 식사를 통해 이루어져야 하는데, 잦은 간식은 배고픈 감각을 느낄 틈을 주지 않으므로 아기가 식사와 식사 사이에 허기져 한다면 아주 적은 양의 간식만 주세요. 간식으로는 빵, 떡, 과자류보다 찐 채소, 생채소, 생과일 등의 원물 간식이 좋습니다.

Q 밥상머리 훈육은 언제부터 하나요?

너무 일찍부터 엄격한 훈육을 시작하면 아이가 오히려 식사 시간에 대한 거부감을 가지게 될 수 있으니 의사소통이 어느 정도 가능해지면 식사 예절을 확실하게 가르쳐주는 것이 효과적입니다. 잘못된 행동에 대해 혼을 내거나 벌을 주듯이 하지 말고, 차분한 목소리와 말투로 올바른 행동을 가르쳐주세요. 식사 예절이 자리 잡기까지는 매우 오래 걸린다는 것을 각오하고, 아이가 부모 말을 무시하듯 아무 반응을 하지 않고 행동 개선이 전혀 되지 않더라도 조급하게 생각하지 마세요. 매일 같은 언어와 행동으로 차분하게 가르쳐주면 아주 서서히 개선될 것입니다.

Q 밥 먹을 때 동영상 보여 달라고 하고, 장난감 달라고 해요.

식사에 흥미는 없고 원하는 것을 얻고는 싶어서 부모와 딜을 시도하는 경우입니다. 아이는 자신이 밥을 잘 먹는 것이 부모를 만족시킨다는 것을 이미 알고 있습니다. 어떤 경우에도 이에 응해 주지 않길 권합니다. 아이의 식사는 부모에게 선물 주듯이 하는 것이 아니라 스스로의 필요에 의해 해야 하는 것임을 학습해야 합니다. 식사 중 미디어 노출이나 장난감 쥐어주는 것을 시작하면 그 이전으로 되돌리기 어렵습니다. 한편 그런 경험을 하지 않은 아이는 식사 시간에는 식사만 해야 한다는 것을 훨씬 더 자연스럽게 배우고 유지할 수 있게 됩니다.

Q 언제부터 간을 해야 하나요? 안 먹으려는 시기에는 간을 하고 싶어져요.

두 돌이 아이 음식에 간하기 시작해도 괜찮은 시기라고 알려져 있지만, 그렇다고 해서 두 돌 생일날부터 가염 음식을 먹이라는 의미는 아닙니다. 유아식의 저염 지침은 오래 지킬수록 좋습니다. 아이가 잘 안 먹는 시기에 간한 음식을 주었더니 갑자기 잘 먹더라는 경험담을 흔히 접하게 됩니다. 모든 사람은 식욕이 없을 때 자극적인 음식을 먹으면 입맛이 조금은 돌게 마련이니 아이도 마찬가지일 것입니다. 그런데 이를 계기로 계속 간한 음식을 주게 되면 다시 싱거운 입맛으로는 돌아오기 어려우므로 안 먹으려는 시기를 잘 넘기는 부모의 인내와 지혜가 필요합니다. 무얼 해 줘도 잘 먹지 않는 그 시기만 잘 넘기면 아이는 다시 평소에 먹던 음식을 잘 먹게 됩니다.

Q 아이가 잘 안 씹어요. 덩어리가 조금만 커도 거부합니다. 계속 다져서 줘야 하나요?

턱을 움직이는 저작 운동은 적절한 시기에 익혀야 식사를 통한 영양 섭취에도 도움이 되고 두뇌를 자극하여 발달시킵니다. 그동안 곱게 간 죽만 먹여왔다면 유아식을 시작하면서부터라도 조금씩 덩어리 음식에 적응을 시켜줘야 하는데 기본적으로 다지는 입자를 아주 서서히 크게 키워나가야 합니다. 한 가지 유용한 방법은 아이에게 직접 들고 먹을 수 있는 핑거푸드를 제공해주는 것입니다. 찐 채소나 과일, 홈메이드 쿠키 등을 직접 쥐고 먹게 해서 혀, 치아, 턱을 쓰는 법을 연습하게 해주세요. 아이가 평소에 좋아하는 식재료로요. 진밥의 입자가 커지면 싫어하면서도 떡 빵과자는 잘 쥐고 먹는 아이들이 대부분입니다. 아기 과자의 종류를 바꿔가면서 점점 단단한 것으로 적응시켜가는 것도 괜찮아요.

Q 밥을 안 먹겠다고 하면 정말로 단호하게 치우나요?

사실 안 먹겠다고 하는 아이에게 억지로 먹일 수 있는 방법은 없을뿐더러 각종 편법(?)으로 밥을 먹이는 것은 이후에도 똑같은 패턴을 반복하게 만듭니다. 대화가 통하게 된 아이에게는 다음 끼니때까지 어떠한 간식도, 식사도 제공되지 않는다는 것을 확실하게 설명하고 이해시켜주세요. 언어 발달이 미숙한 어린 아기에게도 이러한 설명과 함께 밥을 치우는 것이 충분히 의미가 있습니다. 한두 번 식사를 거르는 것은 아이의 건강에 큰 영향을 미치지 않아요. 당장 배고플 것을 우려하기보다는 하루 빨리 밥을 잘 챙겨 먹는 습관을 길러주자고 다짐하세요. 안 먹겠다고 하는 아이에게 억지로 먹이려고 실랑이하다가는 아이가 그다음 끼니는 더 싫어하게 될 수 있으니 괜한 에너지를 소모하지 마세요.

Q 과일을 너무 좋아하는데, 과일은 많이 먹여도 괜찮지 않을까요?

과일은 흔히 몸에 좋다고 생각하지만, 과일의 당은 설탕과 큰 차이가 없습니다. 혈당을 빠르게 올려 몸에 무리를 주죠. 그리고 과일을 많이 먹으면 배가 불러 식사도 부진하게 됩니다. 하루 과일 섭취량의 적정량은 주먹 하나 분량 정도로 생각하고, 너무 과하게 먹지 않도록 의식적으로 조절해주세요.

Q 아기 때부터 꾸준히 잘 안 먹어요. 먹는 것에 전혀 흥미가 없는 것 같아요.

식욕은 사람이 가지고 태어나는 천성적인 부분 중 하나입니다. 그러다 보니 수유기부터 입이 짧은 아이는 이유식, 유아식 기간에도 계속해서 먹는 일에 있어 부진합니다. 없는 식욕을 만들어낼 순 없겠지만, 사람은 최소한의 필요 영양분은 음식을 통해 섭취하는 본능이 있으므로 아이를 믿고 억지로 많이 먹이려 하지 마세요. 이런 아이도 잘 먹는 날이 선물처럼 아주 가끔씩은 찾아옵니다. 6살쯤부터는 아이가 어린이집이나 유치원 등 기관 생활을 하게 되고, 집단의 분위기에 따라, 사회의 행동 양식에 따라 싫은 것도 조금은 노력하게 되면서 식사 문제도 아주 서서히 개선됩니다. 그때까지만 인내심을 가지고 견뎌주세요.

Q 소고기를 매일 챙겨줘야 할까요?

아이에게 과한 단백질 섭취는 소화에 부담을 줍니다. 소고기를 매일 챙기자면 소고기의 양만으로도 이미 하루 필요 단백질을 충족하여 해산물, 콩류, 생선 등 다양한 단백질 식품을 섭취할 기회가 줄어듭니다. 소고기가 훌륭한 철분 공급원이지만 어른의 식단처럼 매일 단백질 재료에도 조금씩 변화를 주는 것이 좋습니다. 그리고 중요한 한 가지! 소고기는 녹황색 채소와 반드시 같이 먹어야 소고기를 먹이는 목적인 각종 무기질 섭취를 제대로 할 수 있다는 것을 기억하세요.

Q 어린이집에 보내면 집에서 무염·저염식을 더 이상 못하게 될까요?

어린이집의 급식은 대부분 좀 더 큰 아이들까지 함께 먹어야 하므로 간이 되어 있습니다. 간식 역시 빵이나 가당 요거트 등 단맛이 센 메뉴들이 나오지요. 그렇다고 어린이집에 다니게 되자마자 아이들이 집 밥을 거부하게 되지는 않습니다. 원래 주던 식사의 염도와 당도에 준해서 최대한 오래 무염·저염식을 끌고 가주세요. 부모가 늘 해주던 익숙한 메뉴들은 간을 더하지 않아도 잘 먹는 아이들이 대부분입니다. 미리 겁먹고 걱정하지 않아도 돼요.

주요 재료별 메뉴 찾아보기

가나다순 메뉴 찾아보기